国际信息工程先进技术译丛

大数据爆炸时代的移动通信技术与应用

〔美〕 迪内希·钱德拉·维玛（Dinesh Chandra Verma） 著
帕利德·维玛（Paridhi Verma）

郎为民　张锋军　王大鹏　王逢东　等译

机械工业出版社

本书紧紧围绕大数据爆炸时代的移动通信技术与应用问题展开研究，比较全面和系统地介绍了移动数据系统、基于 TCP/IP 的数据网络和移动应用开发等领域的相关内容。全书共分为 3 个部分 14 章，第 1 部分为介绍与综述，主要对移动数据支撑技术、移动数据系统、宽带优化技术和降低成本技术进行了简要分析和综述；第 2 部分为移动网络运营商技术，主要对无线接入网络中的带宽优化技术和成本降低技术、回程和核心网络中的带宽优化技术和成本降低技术、面向消费者的数据商业化服务、面向企业的数据商业化服务和面向应用服务提供商的数据商业化服务等进行了分析；第 3 部分为企业及应用开发技术，涉及移动应用电源效率、移动应用带宽效率及企业移动数据问题等内容。本书内容权威丰富，体系结构完整，内容新颖翔实，知识系统全面，行文通俗易懂，兼备知识性、系统性、可读性、实用性和指导性。

本书可作为移动运营商、网络运营商、应用开发人员、网络架构人员和电信管理人员的技术参考书或培训教材，也可作为高等院校通信与信息系统专业的本科生、研究生教材。

译 者 序

近年来，随着移动数据支撑技术的快速发展，移动数据服务得到了广泛应用，GSM 协会预计，全球范围内移动运营商的数据营收将在 2018 年超过语音营收。在 2012 年，日本成为首个数据营收超过语音营收的国家，其原因主要是因为日本推出了先进的移动宽带网络，并且加大了最新的智能电话、平板电脑和互联网设备的采用。移动数据的迅猛发展受到互联网设备和机器对机器通信需求激增的推动，正在改变世界各国人们的社会经济生活。目前，针对支撑移动数据应用服务的技术研究已经成为一个新的研究方向，也已成为业界极为关注和研究的热点，如何从服务应用角度来对移动数据技术进行分析研究，从而构建移动数据爆炸支撑技术整个体系，进而在各个应用领域发挥其巨大的效益，成为困扰着广大业内从业人员和研究人员的一大难题。同时，相关通信企业开发人员也迫切需要一本能够对支撑移动数据爆炸进行深度分析的参考书目，以帮助他们对支撑移动数据爆炸的技术进行全面深入的了解，从而指导他们实际的工作。

当前，虽然市面上与移动数据技术有关的图书不少，但是大多数技术性比较强，要求读者具有一定的专业技术背景，或者是专注于移动数据技术的某一部分。本书则是以教学辅导书的方式，由浅入深，从 3 个部分对移动数据爆炸支撑技术进行研究。第 1 部分为前 4 章，分别对移动数据支撑技术、移动数据系统、带宽优化技术和降低成本技术进行了简要介绍；第 2 部分为接下来的 5 章，主要针对移动网络运营商相关技术进行了分析，分别对回程网络和核心网络的带宽优化与成本降低技术、无线电接入网络中的宽带优化和成本降低技术、面向用户的数据货币化服务、面向企业的数据货币化服务和面向应用服务提供商的数据货币化服务进行了分析研究；第 3 部分为后 5 章，着重分析了面向企业和应用程序开发人员的技术，分别对移动应用综述、移动应用的能量效率、移动应用的带宽效率、企业的移动数据问题和相关议题进行了分析研究。

本书主要由郎为民、张锋军、王大鹏、王逢东翻译，解放军国防信息学院的陈凯、陈红、毛炳文、邹祥福、瞿连政、徐延军、余亮琴、张丽红、王昊、张国峰、黄美荣、李建军、夏白桦、蔡理金、高泳洪、靳焰、任殿龙、孙月光、陈于平、孙少兰参与了本书部分章节的翻译工作，马同兵、王会涛绘制了本书的全部图表，和湘、李官敏对本书的初稿进行了审校，并更正了不少错误。本书是译者在忠实于原书的基础上翻译而成的，书中的意见和观点并不代表译者本人及所在单位的意见和观点。

　　由于移动数据爆炸支撑技术还在不断完善和深化发展之中，加之译者水平有限，翻译时间仓促，因而本书翻译中的错漏之处在所难免，恳请各位专家和读者不吝指出。

郎为民

2016 年初于江城武汉

原 书 前 言

移动终端已经改变了商业模式和人们的生活方式，通过使用智能手机，我们可以随时随地打电话、检查电子邮件、读书、购买商品、预订机票、拍照、与老朋友联络和玩游戏，它对社会和人们生活的改变是非常明显的。

尽管移动终端可提供很多强大的功能，但距离我们充分使用它并实现最大利益还有一些障碍。移动终端的可用通信带宽是有限的，在网络的空中接口部分，由于受自然法则和政府规章的限制，其带宽是有限制的，在网络的其他部分，例如蜂窝回程网络，其带宽的限制则是由于商业和移动数据与应用程序的原因。随着移动应用的不断普及，需要越来越依赖移动应用的移动网络运营商、移动应用开发人员和企业来共同解决由此产生的移动数据增长的方法。

移动数据的增长是一个很多人都意识到的问题，但很难找到解决方案。移动数据增长的问题很难解决，因为它涉及3个极为复杂的技术领域：移动蜂窝网络领域、基于TCP/IP的数据网络和移动应用开发领域。要解决移动数据增长带来的挑战，需要在3个领域都精通而不是单在某一个领域精通的专家。本书内容跨越3个领域并试图为某个领域的专家解决其他两个领域提供了足够的细节。

本书描述了解决在移动数据系统中用户进行移动应用时可用带宽受限的不同方法，移动数据系统由许多不同实体组成，包括移动网络运营商、移动应用开发者以及为员工提供移动应用的企业。本书从移动数据系统中不同实体的角度，探讨了由于移动数据的增长而对他们带来的挑战，并列举了可解决这些挑战的各种方法。

谁将是这本书合适的读者呢？

这本书是为管理人员、技术领先者、研究生、网络从业人员、应用开发商和从事移动数据和移动应用的系统架构师而写的。如果你是一个移动网络运营商的管理人员和技术领导者，或开发移动应用的公司，或使用移动应用的企业，这本书将有助于你了解移动数据通信带来的挑战，本书对移动数据通信带来的挑战进行了全面介绍，尽管描述具有一定的技术性，但对于读者而言，其可用于处理移动数据爆炸的不同选择的总结却不失一般性。

如果你是一名网络工程师、网络架构师或者为移动网络运营商工作的网络策略师，你会发现这本书很有用，它为你概括了互联网技术与蜂窝网络技术所涉及的问题，并提出了解决这些问题的方法。这本书探讨了可用来最大限度提升现有网络基础设施带宽量的方法、如何降低网络基础设施运营成本的方法以及如何对网络中数据流进行计费的新方式。

如果你是一个参与编写移动应用程序的软件设计师或软件开发人员，你会发现这本书对你也很有用，本书对可用于在资源有限的情况下如何能够更好运行移动设备的技术进行了概括，这些技术包括最小化功率消耗的方法和减少网络带宽消耗的方法。通过本书，你也能找到从技术社区和论坛中各种来源经过编译的最佳实践。

如果你在一家为移动网络运营商制造设备的公司工作，你会发现这本书对你也很有用，这本书将为你提供基于互联网数据通信的基础和移动应用开发中所涉及的一些问题，它也能为你提供在产品上以获得更好带宽效率和为客户提供新服务等技术的全面介绍。

如果你是一个使用移动应用企业的系统设计师或软件架构师，这本书对你也有用。除了学习可提高移动应用功率效率和带宽效率方法以外，你会发现对于在移动应用企业中的使用所涉及各种问题的讨论，你还会发现本书能为你提供对处理网络中移动数据增长各种方法的总结，这些内容可能有利于你整合企业网络基础设施。

如果你是一名研究生或从事移动计算和移动网络学术研究工作，你会发现各种不同的技术在蜂窝网络、IP 网络和移动应用中都是交叉和相关的，会对此也很有兴趣。

最后，如果你是蜂窝网络、基于 TCP/IP 的数据网络或移动应用程序开发这 3 个领域某一个领域的从业者，并对学习其他两个技术领域感兴趣，本书将为你提供对其他两个领域的概述，并探讨跨越 3 个领域的有助于解决移动数据增长所带来的挑战的方法。

这本书不适合哪些读者？

本书涵盖了对 3 个不同技术领域广泛的概述，这也意味着它在某个领域的研究不会很深入，如果你想要寻求在一个技术领域诸多的细节，那么本书并不适合你。本书仅仅是对每个技术领域进行了广泛概述，对于读者而言，这些概述对理解由移动数据增长而带来的挑战以及解决这些挑战的方法是有益的。

如果你正在寻求一个使用特定操作系统或特定设备开发移动应用程序的技术，那么本书不适合你。本书仅提供了在编写普通高效的应用程序的一般方法，以帮助您了解高效应用程序开发背后的技术基础，它不会为你提供在一个特定环境中应用的具体方法。

如果你正在寻找一个特定的网络设备制造商或任何其他公司提供的带宽优化产品或技术服务，那么本书对你也没有用处。本书将帮助你了解驱动各种带宽优化产品的一般技术原理，不对任何特定的公司产品进行测试。

本 书 结 构

　　本书的内容共分 14 章，大致可以分为 3 个部分。第 1 部分由前 4 章组成，它对在移动数据增长所带来的问题所涉及的 3 个不同技术领域进行了概述，这 3 个技术领域包括移动数据系统、带宽优化技术和成本降低技术；第 2 部分由接下来的 5 章构成，主要针对移动网络运营商相关技术进行了分析，分别对回程网络和核心网络的带宽优化与成本降低技术、无线电接入网络中的宽带优化和成本降低技术、面向用户的数据货币化服务、面向企业的数据货币化服务和面向应用服务提供商的数据货币化服务进行了分析研究；第 3 部分由接下来的 5 章组成，可被视为移动应用程序开发人员和企业用户的部分，这些章节研究了编写高效应用程序的方法和解决移动应用程序在企业的部署问题。本书的最后一章讨论与本书主题相关但不是直接相关的一些话题。

　　第 1 章对了解移动数据增长所要考虑的 3 个技术领域进行了概括，这 3 个领域是蜂窝网络、TCP / IP 数据网络和移动应用程序的开发，本章对 3 个技术领域进行了深度的概括，简要说明了它们的突出特点。

　　第 2 章对移动数据系统进行了概述，描述了移动数据系统的不同实体，并探讨了移动数据增长的本质和移动数据增长对移动数据系统每个实体的影响。

　　第 3 章探讨了可以在网络中用于管理带宽过载问题的各种方法，问题及解决方案都是在理想的网络环境条件下。此外本章还讨论了各种各样的网络优化的方法，这些方法将减少在瓶颈链路发送的数据量。

　　第 4 章概述了网络上使用的降低操作成本代价的方法，本章讨论的技术包括基础设施共享、整合技术如云计算及网络功能虚拟化的概念。

　　第 5 章结合第 3、4 章的想法并将其应用于无线接入网络的具体案例。可应用于无线接入网络的技术和非技术方法都需要考虑。技术方法包括升级网络基础设施、增加网络带宽、流量卸载、率控制及服务差异化。非技术性的方法有不同的定价计划、返回带宽独占及适时提示用户切换到 Wi-Fi 网络。

　　第 6 章结合第 3、4 章的技术并将其应用于无线回程网络的具体案例，这种网络属于移动网络运营商网络的一个组成部分，本章着眼于降低运营成本及减少在这部分网络中转发带宽的技术及非技术方法。

　　接下来的 3 章探讨可以被移动网络运营商从其数据流中获取更多价值的新服务。第 7 章侧重于移动运营商提供给其当前用户新的面向数据的服务，而第 8 章概述了移动网络运营商提供给企业或其商务客户的一些服务。第 9 章探讨移动网络运营商可以提供给开发高层服务的应用服务提供商的新服务。虽然应用服务提供商和移动网络运营商往往有竞争关系，各种面向数据的服务仍可通过移动网络运营商提供给应用服务提供商，使两者共同受益。

第10章对移动应用进行了概括，并讨论了移动应用发展面临的挑战。其中，一些挑战与在不同平台上开发标准软件有关，而另一些挑战则是移动应用开发环境所特有的。

第11章着眼于移动应用的功效问题。基于一个由资源、资源管理者及资源消费者组成的简单模型，本章探讨了资源消费者如何操作以减少不同资源的能耗。此外，本章还提供了一组最佳实践，可以帮助编写功率高效的应用程序。

第12章探讨了发展高效带宽移动应用的问题，提出了一套可以使应用更加带宽高效的技术及使应用程序更高效带宽和可以帮助编写高效带宽应用程序的一组最佳实践。

第13章探讨了移动设备增长和企业间的移动设备的增长及其在企业中应用的问题，企业面临着数据安全、移动用户接入现有应用和移动设备管理等挑战，这一章将讨论其中的一些挑战，并对可用企业解决这些挑战的各种技术进行探讨。

第14章，在本书的最后一章，探讨了与移动数据相关但不是直接相关的一些主题，这些主题包括M2M通信、物联网、使用移动应用程序带来的业务流程的变化，以及一些应用如参与式感知。

目　　录

第3部分　企业及应用开发技术

第 1 部分　介绍与综述

第 1 章　支持移动数据技术

1.1　概述

由于移动终端的普及呈指数性增长，遍布在世界各地移动终端的数量急剧上升。这些移动终端多种多样，如智能手机、个人数字助理和平板。移动终端的另一个重要的类型是笔记本电脑，它可通过蜂窝数据网络或 Wi-Fi 提供的网络接口来支持移动无线数据的使用。

移动终端数量的增加促使人们研发了许多针对企业和消费者新的应用软件，对于任何一个流行的移动终端平台，这样应用程序的数量都可能有几十万个，在这些应用软件中，有些需要交换的网络数据很少，但有些应用软件却在极短的时间内使用大量的数据，比如在移动终端上看视频。

由此造成的是通过移动蜂窝网络发送的数据量一直持续增长，有几家公司对移动网络中的数据量的增长进行了跟踪调查，这几家公司[1,2]进行的研究表明，从 2009 年后，移动数据以每年 3 倍的速度增长，移动数据增长的一个重要因素是视频数据，它占到了整个移动数据的一大半。此外，通过这些研究及其他的研究表明，这种增长趋势没有丝毫减缓。

目前所有的移动应用程序和未来的发展对带宽的需求很有可能超过目前部署的无线蜂窝网络提供的网络能力。要解决这种能力与需求的不匹配，可以采取多种方式进行处理，哪些技术可以用于解决能力与带宽需求不匹配的问题呢？这正是本书的主题。

在理想状态下，仅仅通过升级网络基础设施就可以解决所有与带宽有限的挑战。但在现实生活中，这种简单的解决方案会消耗巨大的费用。对移动数据感兴趣的有几类人员，例如移动终端用户、移动网络运营商、移动应用程序开发人员和使用移动计算应用的企业。每类人员都希望带宽升级由其他类型人员承担所需的大部分费用。为了解决带宽需求与能力不匹配的问题，需要对每类人员采取的控制措施也不同。本书第 2 章对移动领域的多种类型人员及移动数据增长对其的影响进行了介绍。

可用于解决移动数据增长的方法除了具有系统复杂性外还具有技术复杂性，移动数据通信涉及3个不同但相互交叉的技术领域，即移动应用程序、移动应用网络和移动蜂窝网络，解决移动数据增长的方法需要跨越3个技术领域，这比解决任何一个单一技术领域内的方法更为复杂。

这3个领域之间的关系和相互作用如图1.1所示。图中显示的是一个移动应用与互联网上另一个计算机进行数据交换时所需的基础通信设施的高层结构。

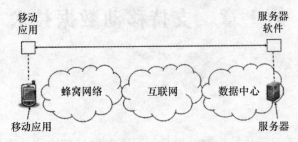

图1.1　移动应用数据通信基础设施

移动应用软件组件上运行的移动终端如智能手机或平板计算机，它们通过运行在服务器上的应用程序组件（如图1.1所示的服务器软件）进行数据交换，为了能够相互通信，移动应用程序和服务器软件使用一套规则，这套规则称为通信协议。超文本传输协议（Hyper Text Transport Protocol，HTTP）是以这种方式进行通信的一个公共协议的例子，移动终端和服务器采用这种协议进行通信时可以跨越几个通信网络，这些网络包括将移动无线终端通过蜂窝网络连接到互联网，以及互联网提供一种方式将蜂窝网络连接到放置有服务器的数据中心。

如图1.1显示，移动应用程序运行时使用的通信协议叠加在互联网协议（Internet Protocol，IP）之上，而IP也部分地叠加在移动网络之上，这3个技术领域每个技术领域中都有各自比较成熟的技术和最佳的做法。蜂窝网络和互联网这两个领域，都是计算机通信网络的不同情形，它们具有一些公共的术语和设计原则。然而，由于历史的原因，互联网和蜂窝网络两个领域演变的术语和机制也有很大的不同。解决由于移动应用程序而带来的数据增长问题需要一种可以跨越这3个技术领域并考虑每个领域特征的方法。

在本章引言中，对这些技术领域进行了总体概述，先对数据网络进行介绍，而后接着对互联网（数据网络的一个实例）、蜂窝网络（数据网络的另一个实例）和移动应用协议进行讨论。

1.2　计算机通信网络

计算机通信网络的基本功能是使两个或更多的计算机之间能相互交换数据，

为了达成这种数据交换，计算机需要统一一系列规则，这些规则可为各计算机共同理解和认同。这样的一套规则被称之为通信协议。计算机通信网络就是由一组建立在各层之上的通信协议构成。

为了让分处两个不同域的两台计算机进行通信，需要几个层的通信协议。让我们考虑一个简单的通信，当用户在自己智能手机上的浏览器键入一个网站地址（如 http：//www. chandabooks. com），另一台计算机发送回数据给用户并将其显示，为了更容易地达成这一通信，智能手机和 IEEE Web 服务器之间使用了一种名为 HTTP 的协议。该协议定义了从智能手机向 Web 服务器发送请求的格式，以及 Web 服务器回应智能手机的格式。该协议是建立在假定发送方和接收方都能可靠收到对方的信息的基础之上。

对于任何真正的网络，请求和响应都有可能在传输途中丢失，为了不担心这样的损失，HTTP 通常在另一个被称为传输控制协议（Transmission Control Protocol，TCP）的层之上，根据 TCP 的约定，其他计算机知道数据是否已可靠收到，如何检测是否有数据丢失，以及接收计算机在接收次序混乱的情况下仍能将发送方发送的信息按照顺序进行排列。值得注意的是，HTTP 无须与 TCP 进行绑定，它同样可以运行在其他可提供可靠通信的协议之上，同样，TCP 也可以在其他协议之上（如 IP）。反过来，IP 本身也在其他一些协议之上。

大多数数据网络的网络设计都有几层构成，每一层均由一个或多个协议构成，经典数据网络中一个典型的协议栈通常由七层构成。然而，在现实生活中，很少采用七层协议，因此，经典的协议栈只是纯学术的观点。然而，经典协议栈中的术语会在技术网络文献中经常遇到。我们在适当的时候将在本章其余部分指出这些术语，从七层的典型模型中，我们提到的只有一点，该模型从底层开始编号，所以在我们给出的 HTTP 和 TCP 例子中，HTTP 对应的层数要高于 TCP 对应的层数。

对于现代应用的计算机通信协议中，如图 1.2 所示的四层协议很容易理解，最底层协议被标识为链路/MAC层，指的是允许两台物理连接的计算机可以相互通信，例如，它们之间通过有线连接或者它们都处于无线通信范围之内。该协议将通常对应于典型七层模型的一层和两层协议。第二层为网络层，指的是一个协议，该协议允许非直接相连的计算机通过一个或多个网络共享链路/

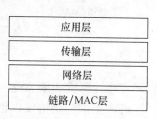

图 1.2　数据网络分层

MAC 层。第三层为传输层，是指运行在通过网络进行通信的两台计算机端到端的通信协议，该协议解决诸如传输可靠性问题、信息按序传输问题以及不同计算机之间通信时不会占用网络的大量资源等问题。第四层为应用层，包含了支持与传输层通信所需的任何端到端协议。

在网络层，协议一般分为两大类，电路交换协议和分组交换协议。电路交换协议主要应用于电话网络中，在以前，运营商将插件连接在不同的电话交换线路上可以建立两部电话之间的专线。在数据网络中使用电路交换，一个类似的机制是占用资源，因为每一对通信的计算机都将在网络中创建一个专用通信信道。这种方法可以保证良好的服务质量，但资源使用相对低效。而在分组交换中，将信息分割为离散的信息片段，这些片段称为数据包，每个数据包都有报头，利用报头可使中间节点将数据包发送到正确的接收端。尽管当大量的数据包聚集在网络中的某一位置可能会使服务质量造成有些波动时，但由于其效率较高，目前大多数数据网络都采用分组交换这种模式。一些网络协议使用虚拟电路的概念，使得在分组交换网络中端到端之间建立了一个逻辑电路，这种模式综合了电路交换和分组交换两种方式的特征，兼具两方优点。

为了让两个计算机通过数据网络进行通信，如图1.2所示的四层需要支持图1.3所示的方式。假设计算机A通过计算机C和计算机D要与计算机B进行数据交换，A和B之间的信息交换需要A和B使用相同的应用程序和传输协议。此外，所有的4台计算机需要支持相同的网络协议。网络协议允许计算机A和D彼此交换数据，尽管其间的计算机可以使用不同的链路/MAC技术连接。图1.3所示的示例中，每两台计算机，A和C，C和D，以及D和B都是通过不同的链路/MAC层协议相连。

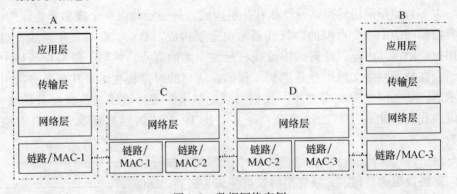

图1.3　数据网络实例

当计算机A要发送一些应用层上的数据到计算机B时，一个软件负责运行计算机A上的应用协议以创建应用层上的数据，这个数据在图1.4中以a表示，它接着被传送给计算机A上负责传输层处理的软件，该软件将会在数据上添加实现传输层协议功能所必需的一些信息，以便使数据从A传输到B，如图1.4所示的被标记为b的结构。传输层所需的信息通常是在应用层数据前加上一些信息，这些信息被称为传输层报头，应用层数据称为有效载荷，传输报头和有效载荷构成了传输层数据。接着，传输层数据传输给一个负责网络层处理的软件，网络层软件再添加一个网络层报头，称这为网络层数据，如图1.4c所示。在这种情况下，传输层数据成为网络层数据中的有效载荷，网络层数据由网络层报头和网络层有效载荷（传输层数据）构成。最后，链路/MAC 层处理软件将添加另一报头，使数据看起来如图 1.4d 所示，部分预编码的方式可能是硬件代替软件做的，但最终结果是相同的，产生的数据都如图 1.4d 所示。如果对计算机 A 到计算机 C 的数据流进行快照的话，这种数据格式正是我们看到的。

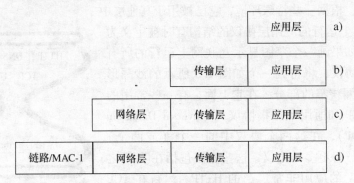

图 1.4 数据网络包结构

当数据包达到计算机 C 时数据包会发生什么呢？链路/MAC 层处理软件（或硬件）将剥去链路/MAC 报头重建数据如图 1.4c 所示，随后，它由计算机 C 中网络层软件对网络报头进行修改，其结构如图 1.4c 所示，但网络报头的内容由于修改而变得不同。当计算机 C 将修改后的内容发送给计算机 D 时，一个对应于链路/MAC-2 协议新的链路/MAC 报头将会添加到该数据。同样的步骤也在计算机 D 中实现，对每对计算机之间的网络层报头和链路/MAC 报头进行修改。

在从计算机 A 到计算机 B 的传输过程中，传输层数据保持不变，在计算机 B 中，传输层软件提取出传输层有效载荷，即原始的应用层数据，并把它提交给计算机 B 中用来进行对应用层处理的软件。

分层结构使网络通信在每个层的协议与其上层和下层的协议保持独立，这种分层结构可以采用几个网络层协议组合的灵活方式来解决在实际网络通信中可能出现的不同问题。网络协议可以采取多种不同方式分层，如一个 IP 数据包可以封装在另一个 IP 数据包内进行跨网络传输，或者 IP 数据可以置于 HTTP 层之上以穿越防火墙边界。协议组合方式的多样性也造成了协议栈的不同性和大量性。

1.3 IP 网络

虽然已经有许多类型的计算机通信网络技术，但在目前使用的主导技术仍是建立在 IP 基础上的协议栈，最主要的版本也被广泛部署的是 IP 版本 4，简称为 IPv4。虽然在市场上有一个新版本的 IP 版本 6（IPv6），但还未广泛采用。IPv4 协议技术是已建成的互联网和万维网（WWW）的基础。移动数据应用通常也是基于

IPv4 技术。在本书中，我们使用 IP 指的均是 IPv4 协议，在需要 IPv6 时会特别注明。

IP 是分组交换网络层协议，IP 可使任何两台计算机互相对话，即便这两台计算机分属两个不同机构管理的网络。其主要目的是允许两个内部差异很大的网络也可以有效地进行数据交换。从分层结构中看 IP，它属于网络层协议。然而，正如前面所述，根据一些特殊环境，它已被用于其他层中。

在 IP 之上运行的应用层协议的结构有时被定义为沙漏系统，如果画一个草图显示互联网上运行的所有不同类型的协议，将得到一个如图 1.5 所示的沙漏形状。IP 在沙漏狭窄的部分，在它上面，有一些常用的协议，如 TCP 和通用数据报协议（Universal Datagram Protocol，UDP），在这两个协议中的一个（或两个）协议之上运行着更多的协议，这些协议包括在 TCP 之上实现 WWW 的应用非常广泛的 HTTP、运行在 TCP 和 UDP 之上的域名服务（Domain Name Service，DNS）和运行在 UDP 之上的实时传输协议（Realtime Transfer Protocol，RTP），在这些协议之上，还有更多的协议，例如，简单对象访问协议（Simple Object Access Protocol，SOAP），它定义了 Web 服务，通常建立在 HTTP 之上。为了达到他们的目的，应用开发者可以在这些协议之上开发他们自己的协议。

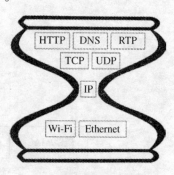

图 1.5　IP 沙漏结构

在 IP 层之下是另一套协议，该套协议为一组计算机互连提供了一种方法。一个常见的例子是 Wi-Fi 协议，或技术上称之为 IEEE 802.11 系列协议。Wi-Fi 协议广泛存在于家庭、酒店和机场。Wi-Fi 协议允许一组机器通过无线网络连接到一个接入点以相互通信。以太网是另一种常见的协议，它可以使一组机器通过连接以太网交换机而相互连接。可以考虑这样一个情形即 Wi-Fi 接入点连接到以太网交换机，从而搭建了一个 Wi-Fi 网络和以太网之间的桥梁，当连接到 Wi-Fi 网络的一台计算机需要与以太网网络的计算机进行通信时，它们都需要使用一个共同的协议，以保障它们彼此之间的通信，IP 提供了这一功能。

沙漏形状底部表示可以在小型网络中开发各种通信协议，以支持网络内的一组计算机相互进行通信。在沙漏 IP 之下，蜂窝通信协议提供了一组类似的通信协议。

互联网是由所有的计算机和其他支持 IP 的设备组成，它是几个 IP 网络的集合，这些网络由不同组织进行管理，并在多个交换点和对等点处相互连接。

在一个 IP 网络中，每台机器都有一个唯一的地址，在 IPv4 中是一个 32 位的标识符，它是用来将数据包给特定的机器的。网络中不同节点进行通信时，就可以找出正确的路由将数据包传送给正确的机器。采用这种数据包路由的方式进行信息交换时，信息交换的速度比数据包产生的速度要慢，并且假定 IP 网络正常运行的情况，即网络中拥有一个 IP 地址的机器不会迅速移动。

除了地址，IP 网络中的一些机器还有一个域名，域名是一个分层的、便于人们可读的名称，如 http：//www. chandabooks. com。如果一台机器的域名是已知的，那么任何计算机都可以使用域名系统的分布式系统来确定其 IP 地址。域名为识别需要多个应用程序访问的服务器提供了一种更简单的方式。

在 IP 网络中，大多数通信方式采用客户端-服务器计算模式，在这种模式中，服务器的域名或 IP 地址是公开的，客户端是向服务器发起通信的机器，通常通过查找服务器域名获取其 IP 地址，然后利用其 IP 地址向服务器发送第一个数据包，一旦服务器接收数据包，它将响应返回给客户端，通过它们共有的协议栈进行通信。在移动数据通信环境中，通常情况下移动终端是客户端，而移动终端获取数据的计算机，如一个网站，是服务器。

服务器域名和 IP 地址之间间接的联系使其在通信方面有一些显著的灵活性，可以制定一个计划，即同一个域名对应不同的 IP 地址。例如，服务器在每个大洲有一个不同的地址，这样的话，进行通信的客户端与服务器都位于同一地理区域。这种灵活性对于解决由于数据流量增长而产生过载现象非常有用，正如随后的章节所描述的那样。

IP 网络设计的一个假设是，网络内任何一个具有地址的机器的位置是静止不动的，数据包转发到目的地的方式反映了这种设计的选择方式。尽管有的 IP 通信有些扩展，它允许一些机器移动，但就其可用性而言，IP 仍然主要是一个在机器都不移动的网络的协议。

1.4　蜂窝网络

蜂窝网络也是一种计算机通信网络，但它不同于主要是针对固定计算机的 IP 网络，它主要以用无线连接的移动用户为主要目标。蜂窝网络的名称是来源于这样一个事实，即将其所服务区域分为互不相交称之为蜂囊的区域。每个小区分配一套载波频率，该小区内的移动终端可以使用一部分电磁频谱与服务该小区的通信塔内的设备进行通信，同样的载波频率可以在互不相连的小区重复使用，因此，蜂窝结构只使用一组有限的频率便可以覆盖广阔的地区。

该塔既可以为位于小区中心的区域服务也可以为小区角落的区域服务，当塔位于小区中心时，它将使用分配的频率在全向天线上向外辐射电磁波，当塔位于小区边缘时，它使用分配的一个频率在定向天线上向外辐射电磁波，也就是说，天线将会向小区的一个特定的方向传输信号。在这种情况下，一个小区将被多个塔服务。

因为用户可以从一个小区移动到另一个小区，对于蜂窝网络而言，需要一个小区间的用户切换管理系统。如何切换的具体细节取决于用户移动终端和塔之间采取的通信技术。

有很多协议在蜂窝网络中使用，一些比较常见的协议有通用分组无线业务（General Packet Radio Service，GPRS）、通用移动电信系统（Universal Mobile Tele-communication System，UMTS）、CDMA2000、IEEE 802.16（Wi-MAX）、长期演进（Long Term Evolution，LTE）和 LTE-Advanced。这些协议中的每个协议都需要用一本书来描述，每个协议都非常复杂，为了不涉及这些协议的具体细节，在此，使用一个简单的描述，将所有这些协议适用于一个通用的方式。

根据所有类型的蜂窝网络的基本体系结构和它们接入互联网的方式，它可以被看作为由 3 个单独的网络组成：一个接入网络、一个核心网络和一个服务网络。服务网络通过一个 IP 路由器与互联网相连，每个组成部分如图 1.6 所示。

图 1.6　蜂窝数据网络组成部分

接入网络提供移动终端与蜂窝基站的装备和实现其他功能的设备之间的网络连接，例如，控制无线网络的操作。从物理上讲，接入网将包括两个不同的部分，一个是连接移动终端与蜂窝基站内设备的空间段，另一个是连接蜂窝基站内设备与其他设备甚至核心网络相连的网络，后一个通常被称为回程网络。在一些国家，回程网络趋于采用光纤相连，而一些其他国家，也包括微波。

核心网络由负责认证、接入控制、安全和移动功能的设备构成。正如以上所提到的，IP 网络的设计主要是针对静态机器的，在核心网络中，由于功能的实现，使这种移动在网络基于 IP 部分中变得隐藏了。在网络中用来管理移动的机制依赖于所采用的具体协议，例如，CDMA2000 采用移动 IP 处理移动问题，而在 UMTS 中，由将分组从移动终端到传输到核心网络的几个固定位置的则称之为网关 GPRS 支持节点（GGSN），实际上使整个 UMTS 协议的作用类似于运行在 IP 网络之下的一个链路/MAC 协议。核心网络通常是光纤的性质⊖。

服务网络是一个基于 IP 的网络，是在移动网络运营商控制下互联网络的一部分网络。在服务网络中，移动网络运营商可以实现各种中介功能例如将视频转换为智能手段所需的格式的应用，提供一些诸如电子邮件网关接口的服务。运营商根据商业需求的不同提供不同的服务集。

⊖　将蜂窝网络分为接入网络、回程网络和核心网络是本书要讨论的一种分类方法，由于不同的蜂窝网络协议有不同的分类方法，因此本书对多种蜂窝网络协议的讨论将有不少挑战性。

由于许多提供移动服务的运营商是跨国运营商，服务网络本身是一个非常复杂的包含不同区域和国家网络的 IP 网络，即使在一个国家内，网络运营商也需要运行一个由许多不同的子网构成的大型网络，因此，服务网络通过一个或多个对等点与互联网相连。

运行在移动设备之上的移动应用程序通常不会在意它所运行的蜂窝网络类型，对于移动应用程序而言，蜂窝网络仅仅是一个 IP 网络。因此，移动应用程序的开发如同在 IP 网络上运行的任何其他应用程序一样。

1.5　移动应用

移动应用程序有两部分组成，一个运行在移动终端之上，另一个运行在互联网的服务器上。移动应用程序生成的数据在移动终端和服务器之间交换。在某些情况下，数据交换量可能很小，智能手机的应用程序基本都是在本地运行，只是在进行所需的更新时偶尔检查与服务器端的连接。

然而，大量的移动应用程序依赖与服务器交换信息的能力。智能手机的一大用途是浏览互联网信息，此应用需要与互联网上的服务器进行连续的数据交换。智能手机和平板计算机另一个非常流行的应用是在提供视频和音乐的网站上观看视频和听音乐，这就需要从互联网服务器到移动终端传输大量的数据流。

移动应用程序需要数据交换来支持智能手机和服务器之间进行数据交换的协议，这些协议的层次在图 1.5 中所示沙漏的 IP 层之上，而蜂窝网络协议则在同一沙漏的 IP 层之下，换句话说，移动应用程序所使用的协议是图 1.2 中所示的传输层和应用层协议。

在 IP 网络中有两种常用的传输协议，即 TCP 和 UDP。TCP 给出了两个通信机器之间有字节管道的抽象概念，在该管道中，字节可以插入到一端并可从另一端按相同的顺序提取而没有任何损失。UDP 提供了类似于一个邮递服务的抽象，一台机器发送的邮件地址在另一台机器接收时并没有可靠的顺序保证。随后，当安全变得重要时，为了提高信息交换的安全，开发了一个称为传输层安全（Transport Layer Security，TLS）的协议。因为 TCP 的按序传递会对通信的实时性带来不利影响，为了提供交互式语音或视频的实时传输，在 UDP 之上开发了一些其他的协议。

WWW 的发展使得 HTTP 得到了广泛应用，现在大多数人们使用的浏览器都是采用运行在 TCP 之上的 HTTP，发生在 TLS 而不是普通 TCP 之上的 HTTP 变种是超文本传输协议安全（HTTPS）。另一个被添加到浏览器的广泛特征是支持客户端程序写入语言如 JavaScript^{TM}。服务器可以发送一些代码到浏览器，在客户端可以根据代码执行一定的逻辑和功能。

1）使用 HTTP 编写数据通信应用，使用 JavaScript（或类似语言）来编写局部交互应用。

2）根据应用程序的需要，开发一个运行在 TCP 或 UDP 之上的私有通信协议。

3）使用混合协议，HTTP 用于一部分交互而私有协议用于其他。

由应用程序开发人员做出的选择会导致 3 类移动应用：基于 Web 的移动应用程序、本地移动应用程序和混合移动应用程序。应用程序的需求决定了选择 3 种模式的哪一种模式。

基于 IP 构建、位于蜂窝网络层之上的移动应用是人和机器之间所交换数据的主要来源。在对 3 个方面内容进行简要概述后，下一章将对移动数据系统进行分析。

第 2 章 移动数据系统

2.1 概述

任何技术的系统都由公司、组织以及那些受技术影响的商业人员或影响技术的商业人员构成。在系统中，任一实体都与其他实体有着非常复杂的关系，当技术领域发生变化时，系统中的每一个实体都会受到某种影响。在系统中不同实体具有对技术变化不同的反应能力。在本章中，我们分析移动数据系统以及移动数据增长对系统每个实体的影响。

2.2 移动数据系统

移动数据系统由许多不同类型的公司和组织组成，每个公司和组织在与其他公司展开合作或竞争时都有其特定的功能。在移动数据系统中不同的功能可区分为不同的角色，一个角色是一个与基于移动数据应用相关联的活动的抽象描述，任何一个公司或组织都可以在系统中扮演着多种角色。

近年来，在移动数据系统中逐渐出现了许多不同的角色。图 2.1 提供了这些角色的简化表示法。在讨论当前的移动数据系统时，采用角色而不是公司的个体地位的方式，会对移动数据系统有一个比较系统的理解。虽然许多公司都是系统中的一个角色，其中有些公司可能在系统中还扮演着多重角色。

图 2.1 将不同的角色分为 4 组，表现为 4 个不同层次的角色。图中低层实体角色所做的决定和行动都对会上层的实体产生重大的影响，反之亦如此，上层实体角色的需求及其所做的决策也会影响下层的角色。

最底层是由那些对其他角色操作方式有着广泛影响的角色组成，称之为标准制定者，这一层有两个主要角色，第一个主要角色是多个监管机构，控制移动数据通信的各个方面，这些机构有美国的联邦通信委员会（Federal Communication Commission，FCC），它确定用于移动通信的无线电频率，对各种设备的发射功率进行限制以及其他各种各样的法规。一些相应的权威机构由其他国家的政府部门进行运作，在监管机构管辖范围之内的任何公司、组织和个人都需遵从监管机构制定的规则。

标准制定者层的另外一角色是标准组织。标准组织是那些建立运行移动网络运行、开发应用程序或数据网络规范的协会。有几个这样的标准组织，例如，互联网工程任务组（Internet Engineering Task Force，IETF）定义控制互联网间机器间运行的协议，万维网联盟（W3C）定义了使用 Web 浏览器和服务器的协议标准，国际电信联盟（International Telecommunication Union，ITU）协调无线电频谱在全球范围内的应用并定义电话和数据通信的许多标准，第三代合作伙伴计划（3GPP）定义了一组手机无线通信的通用标准等。标准组织的形成有多种来源，有的协会由大型公司主导，有些是由政府机构运作，有些则是在某个特定的技术领域感兴趣的学者和技术人员组成。更为重要的是，标准的制定还广泛听取对移动系统其他实体有强烈影响的团体的意见。

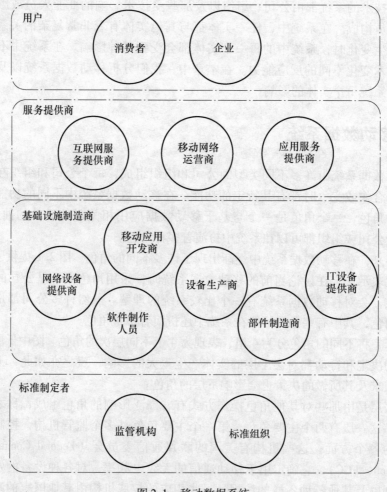

图 2.1   移动数据系统

下一层的角色主要由制造硬件、软件的不同类型的厂家、公司构成，这些厂家、公司生产的硬件和软件在一定程度上影响着移动应用和移动数据。一些制造商生产硬件，一些厂家生产软件，而另外一些厂家将这些部件组装后生成更大的系统。每一个制造商将出售其产品给系统中的其他实体，包括其他制造商。从移动数据系统的角度出发，我们可以将这层系统分为 3 个不同的子层，在最底子层，是元器件制造商和软件开发商的角色，元器件制造商生产硬件芯片、处理器、集成电路、数字信号处理器和应用于移动终端、网络设备和系统所需计算设备的其他部件。软件开发商研发与元器件类似方式的软件。中间子层由网络设备提供商（NEP）、IT 设备提供商和移动终端制造商等角色构成。最上子层由移动应用开发商的角色组成。

移动数据系统中的元器件生产商包括生产研制类型系统时所需的各种组件的制造公司。这里所指的系统是指由硬件和软件组成的一个整体。系统中的软件制造商包括研制不同类型系统所需的操作系统、软件库和其他软件模块的软件制造商。

NEP 制造大量盒式设备，该设备允许不同类型的网络运营商建立、管理和运行网络。由 NEP 提供的设备支持标准组织定义的不同通信标准。

编写的大多数移动应用程序都假设能访问互联网，互联网的基础设施由路由器、网络交换机和防火墙等这样的设备构成。

如图 1.1 中所描述的，在网络上发送数据的移动应用程序有在手持设备上运行的软件组件和对应的在服务器上运行的软件。手持设备和服务器制造商在移动应用系统中发挥着重要作用。手持设备提供了运行移动应用程序最基本的基础设施，手持设备所提供的功能对移动应用的数据量有很大的影响。同其他计算设备一样，手持设备有其最基本的硬件，即操作系统和运行在操作系统之上的各种应用程序。一些公司既提供硬件也提供内置在手持设备内部的操作系统，一些公司生产由其他公司提供的一种或两种功能的设备，例如，一个设备制造商可以生产基于另一家公司生产的操作系统的手持设备。

服务器可提供移动应用中服务器端的计算能力，这些具有计算能力的服务器生产厂家在移动系统中具有重要的作用。运行在服务器端的应用程序具备对多种不同类型设备如手持终端、台式电脑和笔记本电脑的兼容。然而，随着移动应用的迅速普及以及服务器上负载的不断变化，都需要一种可更有效支持移动应用程序的特殊机制。如手持终端，服务器制造商可以选择基于自己的专有操作系统的服务器，或使服务器基于第三方操作系统的支持，例如 Linux 版本。

生产设备如网络设备、手持设备或服务器生产厂家的数量与提供移动应用和为移动应用提供支持的软件基础公司的数量相比相形见绌。一些配套的软硬件设施，包括可以使应用程序运行在多个手机操作系统的移动中间件、更便于迅速开发移动应用程序的工具、可修改服务器上已有程序的内容以使其更适合于移动用户的工具以及测试移动应用程序的一些工具。通过一些较大公司经营的应用商店，普通移动用户可以使用许多移动应用程序和软件组件。

移动系统的第 3 层主要由服务提供商角色构成，在这一层，服务提供商主要有 3 个角色构成：经营移动网络的公司、提供互联网接入的公司和在互联网上提供服务的公司。第一组实体为移动网络运营商，包括蜂窝网络运营商，这些公司通常会从移动网络设备供应商购买设备并为客户提供移动数据服务。一些移动网络运营商为他们的客户提供手持终端，而另外一些移动网络运营商允许他们的客户直接从设备制造商购买移动终端。

互联网服务提供商（Internet Service Provider, ISP）通常以有线方式为他们的客户提供互联网连接。一些公司在作为互联网服务提供商的同时也承担着移动网络运营商的角色，尽管这两个角色分别由公司内部不同部门承担。互联网的连接通常是采取有线接入，例如，通过同轴电缆或光纤等有线方式连接，然而也有一些公司在家庭或办公地点提供无线互联网服务。

移动系统的最后一层即第 4 层是用户层，即使用服务提供商提供的应用和服务的人员。这些人员可以分为两组：消费者和企业。消费者是那些购买服务以供个人使用或小团体（如家庭）使用的用户，而企业则是那些使其员工可以接入移动数据和移动应用的公司。企业的需求与消费者的需求有实质的不同。一般情况下，一个企业可能更多需要的是运行在其员工手持终端上应用程序的安全性和可控制性、运行在手机上应用程序设置的规范性以及通过员工使用手持设备可实现对他们的跟踪和管理。企业的这些需求通常都不是消费者所考虑的。

在移动数据系统中，一个实体可以有多个角色。服务器制造商可能也可以充当企业的角色。一个标准制定组织可能拥有多个办公场所，其对移动数据服务的使用类似于企业。一个应用服务提供商也可能是一个操作系统的制造商。有时，不同的角色由区别不是很明显的不同部门充当。

随着移动数据和移动应用的不断增长，移动数据系统中每个不同的实体都承担着不同的角色和责任，在促进移动数据增长过程中，每个实体所采取的方法也是不同的。

2.3　移动数据增长

由于本书的大部分内容都涉及移动数据增长这个问题，因此，有必要探究移动数据增长的本质和移动数据增长背后的驱动力。几家公司[1,2]研究了移动和固定接入网络用户的特点，结合这些研究结果，可以帮助理解移动数据及其增长的本质。

移动数据的增长在很大程度上是由于用户不在使用自己的笔记本电脑或个人电脑而拿起智能手机和平板电脑进行数据访问所造成的。2011 年，原本打算通过个人电脑访问互联网网站的用户有大约 2/3 转而从移动终端访问[3]，通过移动终端访问社交网站已经超过所有访问用户的 1/3，类似的其他网站也同样有这种趋势。

造成用户数据增加的另一个重大变化是在不同用户间普及型应用程序的转变，

一些研究机构[4,5]定期跟踪互联网用户的使用模式，根据几个研究机构收集的数据来看，在 2000 年左右，互联网的主要应用是网络浏览，而在 2011 年，互联网的主要应用则是实时娱乐（如来自线上服务的视频观看），用户在网上观看 1.5h 视频流的数据加载量显然大于同一用户在网上冲浪相同时间的数据加载量，日益流行的音频和视频的应用是使移动数据增长的主要驱动力之一。

由于不同地区的消费者和用户有很大不同，也造成了移动数据的实质会在不同地区有很大变化，在美国和西欧，智能手机、平板电脑和专门的电子书阅读器是非常流行的，已取代了很大部分基本的电话用户，成为移动数据的主要应用来源。行业出版的一些报告[6]表明，运营商为一种新的智能手机提供网络接入服务后，它所使用的数据量可以增长 14 倍以上，同样，一部智能手机用户平均产生的数据量是一个基本的电话产生的数据量的 14 倍以上。到 2009 年底，在美国市场，智能手机大约占所有手机量的一半[3]。另一方面，在世界其他地方，智能手机往往是整体移动用户一个更小的部分，在这些地区，笔记本电脑访问移动宽带数据服务往往是移动数据增长的主要驱动力，在这些地区对网络的使用方式为混合使用，P2P 文件共享占据着带宽共享的主要方式。

根据目前公布的报告[6]，在美国，主要驱动移动带宽消耗的是音频和视频的下载、网页浏览和访问社交网站。在西欧，网页浏览的网络消耗量超过实时娱乐。而在亚太地区和非洲，对等文件共享应用是消耗网络流量最大的一个应用。

驱动移动数据增长的应用特性会对发展策略产生深远影响，这些策略可以缓解移动数据应用增长所带来的压力。

2.4　瓶颈在哪里

随着移动数据的增长，带来了一个问题，即：由移动网络中数据的增长所造成的瓶颈在哪？在不同的服务区域答案往往是不同的，但可以观察到一些共同的趋势和模式。

终端和服务器之间移动数据的流动跨越 3 种网络：蜂窝网络、互联网和网络数据中心。网络数据中心通常有足够的能力和高速开关设备，它不是一个瓶颈。互联网是由处于不同位置的个体网络所连接的一个网络，虽然不是所有的互联网的链路都是高速链路，但大部分都是由光纤连接，它可以根据需要添加更多的带宽。互联网的一些部分，例如横贯大陆的链路，其带宽可能比其他部分的带宽要低，但通常也可提供充分的带宽。而对于蜂窝网络，则有一些不同。

如图 1.6 所示，蜂窝网络本身由 3 个部分组成：接入网、核心网和服务网络。服务网络本身类似于互联网的任何其他部分，包括有线基础设施等，它不是一个重大瓶颈，核心网的情况也类似。

然而接入网络则有很大不同，它由两个主要部分构成，连接基站与移动终端的无线网络和连接基站的核心网络基础设施的回程网络。随着移动数据的增加，接入网络的这两个网络都可能过载。

在无线网络中，可用带宽是连接移动终端和基站设备之间频谱的函数。用于移动数据通信的频谱是有限的，通常可以通过购买政府昂贵的和有限的许可证获得，而用于移动数据通信的频谱是一个固定的资源，获得额外频谱的唯一选择就是让政府监管机构释放其他频谱，随着移动数据流量的预期增长，这个瓶颈不可能被很快消除。

接入网和回程网络的另一部分问题是存在的拥塞问题，尽管拥塞问题对于接入网和回程网络而言，更多的是经济问题而非资源短缺的问题。回程网络将蜂窝基站与核心网络相连，目前，提供回程网络接入的3个主流技术为微波、铜技术和光缆技术。微波链路主要用于授权的相应频段的无线连接，它是西欧地区连接回程网络的主要形式。相对于微波链路提供的无线链路而言，铜和光缆提供了接入回程网络的有线通信，铜技术采用传统的同轴电缆进行连接，而光纤是一种高速低成本的有线链路，以更低的成本提供更高的速度。微波的安装和运行在那些铺设电缆非常昂贵或不可行的地区比较常见。然而，微波只能提供有限的带宽，通常低于100Mbit/s，但新的微波技术可以达到350Mbit/s甚至1Gbit/s，而铜或光纤技术则可以提供更高的传输速率。

由于历史的原因，基于铜轴电缆的回程网络是北美的主要模式，将铜轴电缆取而代之为光纤对于蜂窝网络运营商而言是一个昂贵的提议，然而，随着用户对带宽需求的增长，光纤会逐步替代铜轴电缆。在光纤接入的地方进行容量升级会更容易，像有些新兴市场，那里的手机运营商最近才推出了蜂窝网络，其基站都是用光纤连接的，在这些区域，回程网络接入不是瓶颈。

蜂窝网络运营商核心网络和互联网都是基于光纤技术的有线通信链路，在这种情况下，可提供的带宽容量基本没有技术限制。互联网的延迟相当低，但仍值得关注的是由于网络流量负荷的变化而导致的额外延时。造成互联网延迟的一些原因包括在对等点由于不同的ISP同时连接他们的网络而造成的拥塞、采用的动态路由协议效率低下和瞬间的网络中断[7]。在互联网的某些部分，由于类似于数字用户线（Digital Subscriber Line，DSL）接入链路的低效率也可能会延迟[8]。然而，这样的延迟不如蜂窝网络接入部分的延迟明显。

2.5　移动数据增长对移动系统的影响

移动数据的增长对系统中不同的实体有不同的含义，本节探究移动数据增长对移动系统中每个实体有何影响。

移动系统中的用户是移动数据增长的驱动之一，在移动系统中将用户分为两种类型：消费者和企业，消费者通常是单个用户或小团体（像一个家庭），而企业包括大的用户组（几十到几千）。一般来说，移动设备的增长和可用性有利于消费者和企业用户，因为它允许他们从任何地方接入互联网的资源，企业用户还可以访问企业内部网的一个安全的虚拟专用网络为他们提供资源。

随时随地使用移动电话完成各种操作带来的便利是巨大的，无论用户是观看视频和上网等娱乐还是在网上完成某些工作，手机都会显著提高其易用性，而由此带来两个不利影响的问题是安全性和体验质量。

安全风险的增加是与手机的使用紧密相关的，因为同其他类型的计算设备相比，手机更容易丢失，对于消费者而言，这会导致隐私泄露和身份盗窃并造成很大的不便和经济损失。对于企业用户而言，风险更高，企业用户可能会失去在移动设备上存储的有价值数据，并根据丢失的数据类型，可能会导致知识产权流失或者企业的重要财务及营运风险。因此，随着移动设备变得越来越普遍，企业必须处理当出现移动设备丢失并由此产生信息内容曝光的问题。

从用户体验的角度来看，一个拥挤的网络会导致用户体验质量严重下降。如果网络有较大的延迟的话，方便易用的移动应用程序可能就变得很脆弱，这对移动设备和数据的使用会有显著的影响。带宽是有限的，消费者可以看到他们在使用的数据的价格在上涨，消费者担心数据通信的账单可能不是他们所使用移动应用程序和设备那样多。同样，企业用户也需要知道在连接用户和企业内服务器的网络拥塞时如何管理访问企业服务的移动设备。

再看一下移动系统中的其他实体（如服务提供商），可以看到网络的拥塞对移动网络运营商和应用服务提供商具有明显的影响。如果移动网络运营商运行的是一个拥塞的网络，将会招致顾客满意度下降，为满足增加的需求而升级网络基础设施将需要大量的资本投资，将这些资本的一部分费用转嫁给用户可能会对顾客满意度产生不利影响，如果选择不对基础设施进行升级似乎也不是一种选择，因为提供最佳连接的运营商将得到最多的用户，如何用尽可能低的成本提供最好的用户体验是移动网络运营商的一项紧迫任务。

应用服务提供商创建在互联网服务器上运行的应用程序并将它们提供给访问互联网的用户，当用户在一个拥塞的网络情况下管理用户体验时也面临着类似的挑战。不同于移动网络运营商，应用服务提供商不对底层网络进行升级以改变网络的拥塞。然而，他们需要明确如何能提供一种能最佳应对拥塞网络的应用程序。

在所有的服务提供商中，互联网服务提供商可能受移动数据增长的影响会最小。移动数据最终成为互联网上的数据，且支持有线互联网数据的技术也是非常先进的，所以就网络容量和网络拥塞而言不是问题。然而，移动用户的行为与那些台式机用户的行为明显不同。因此，随着更多的用户成为移动用户，网络流量的实质可能发生变化，这会对互联网服务提供商经营网络的方式产生影响。

用于实现各类策略的技术必须由设备制造商来实现，这些策略主要用于处理由不同服务提供商带来的移动数据增长问题。另一组技术应由移动应用程序的开发人员来实现，并支持运行在目前使用的操作系统和平台。这些方法包括如推广新的网络技术、研制新的通信协议、设计不同的应用程序和在网络上提供新的服务。随着新技术的出现以及在生产领域中被各个实体所利用，各个实体的财富与他们是否做出决定调整以充分利用新技术紧密相关。

一些技术可能要涉及许多生产厂家和组织，需要制定相应标准，这将影响标准的发展。政府监管机构在解决这一挑战上发挥着特殊的作用，他们控制着稀缺的频谱资源，他们释放一部分未使用或其他用途的频谱的决策将影响着由移动应用程序引起的网络阻塞的严重程度。

本书的后续章节将描述可以用来处理移动业务增长的最重要的技术。

第3章 宽带优化技术综述

3.1 概述

如第2章所述，当移动终端与位于连接在互联网数据中心的服务器进行信息交换时，移动数据会流经不同的网络。每个网络都是由网络运营商进行维护管理的，每个网络运营商都想让用户通过接入他们的数据服务而获得最佳的用户体验，从而提高他们的盈利。在网络流量增加的情况下，每个网络运营商都需面临3个主要的挑战：如何从可能会变得更加拥挤的网络中获得最大的带宽；在移动数据流量增加的情况下如何降低服务成本；如何从网络上的数据流量中赚取更多的利润。

本章致力于研究第一个挑战：如何从一个容量有限的网络中获取更多的数据，并讨论可用于解决此挑战的一些技术，这些技术的提出是基于计算机通信网络简化模型的，可以将其映射到某些特例中，即在可能出现移动数据拥塞的不同网络区域应用这些技术。本章的第一部分介绍了理想的计算机网络模型并讨论了网络拥塞对用户体验质量的影响。随后内容中的讨论可用于从容量有限的理想的网络模型中提取更多数据的一些方法。

3.2 网络模型

虽然网络协议和网络结构是非常复杂的，但决定它们性能和容量的原则可以用一个简化的网络模型来解释。简化的模型在实际的网络中不可能出现，但它可以提供一个有效的标准以比较不同的带宽优化技术的优劣。图3.1显示了简化的网络模型，我们将基于此来解释各种带宽优化技术。

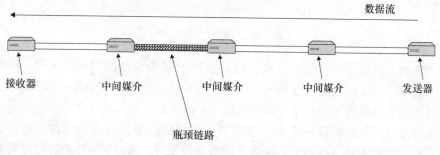

图 3.1　简单网络模型

如图 3.1 所示，该网络模型由一个发送器和接收器组成，数据流的方向从发送器到接收器。发送器和接收器之间通过网络连接，网络由几个中间节点和通信链路构成，它连接了发送器、接收器和中间节点。在这些通信链路中，有一条链路是瓶颈环节，这条链路在所有的链路中的容量最小，它在图中用阴影显示。

为了理解拥塞链路的概念，让我们看一看数据包从发送器到接收器的延时与瓶颈链路容量之间的关系，假设瓶颈链路能够以 Cbit/s 速率进行数据传输，而发送器向接收器发送的数据传输速率为 Rbit/s，为了让信息从发送器到接收器之间的延时是有限的，R 应该小于 C，如果我们定义 U 为 R/C，则 U 必须小于 1。

在上述网络中，接收方接收信息的时间与发送方发送信息的时间将有一定量的延时。这种延时严重影响了从服务器获取内容的用户体验质量。比如，在使用最常见的网络协议时，这种延时显著影响了从服务器上下载一个文件所用的时间。如果我们以 U 来画线的话，通常会得到如图 3.2 所示的一条曲线。经历的延时取决于瓶颈链路中有多少待传输信息的比特数，如果瓶颈链路可传输的速率大于达到瓶颈链路的速率，则这种延时可以忽略不计。然而，如果到达瓶颈链路的速率大于瓶颈链路可处理的速率，则有待传输信息的比特数增加从而导致更大的延时。这种方式反应在图 3.2 所示的曲线上，可以看出，当 U 接近 1 时，这种延时变得非常明显。在 U 值与延时对应的关系中存在这样一个 U 值，在这个值以上随着 U 值的增加延时也迅速增加，在这个值以下随着 U 值的增加延时变化相对较小，这个值标志着延时曲线拐点。

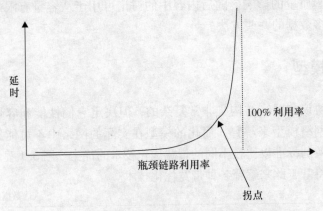

图 3.2   延时与利用率之间的关系

当需要在网络中传输的信息流量的总量处于 U 值曲线的拐点之上时，网络就出现问题了。为了避免出现这种问题，必须减少信息流量 R 或增加可用容量 C，针对不同类型网络增加可用容量时需要采用不同的方法。

本章主要对如何降低网络中生成的信息流量的技术进行探讨。在所有这些技术中，网络需要支持从发送方到接收方的传输流量 R。通过实施技术可以使传输的

信息容量从 R 减少到信息容量 R'，从而使 R'/U 下降到曲线的拐点之下。

3.3　对象缓存

对象缓存通过将传输的信息内容放置于接收方更近的位置从而降低了要经过瓶颈链路传输的信息容量，在理想图如图 3.1 所示，对象缓存的目标就是要改变发送方的位置以避免信息的传输经过瓶颈链路，接收方从发送方代理处而不是从发送方接收数据，发送方代理位于网络中的一个点，从接收方到发送方代理的信息流不经过瓶颈链路。

使用对象缓存，图 3.1 所示的理想化的图可变为如图 3.3 所示的网络。由于发送方代理的位置位于发送方和接收方之间，在发送方代理向接收方发送数据时避免了使用瓶颈链路，如果网络中有多条瓶颈链路时，则需要多个代理。

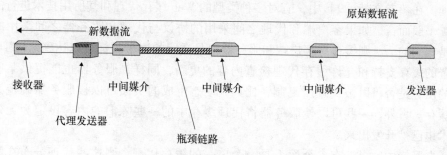

图 3.3　简单网络模型中的对象缓存

如果一些数据是从服务器流入而不是从图 3.3 所示的发送方代理流入的，则瓶颈链路的负载还会降低，该机制的有效性取决于由发送方代理流入量的大小而不是从原始发送方流入量的大小。假设全部信息量的一部分由发送方代理发送至接收方，则瓶颈链路的利用率则从 U 变为 fU，由于 f 小于 1，利用率将偏离如图 3.2 所示的曲线拐点。

那么如何在网络中创建这样的代理呢？在最常见类型的网络中，网络流量通常发生在客户端-服务器模式这种交易方式中。服务器等待来自客户端的请求，客户端确定服务器的在网络位置并向服务器发出请求获得一些数据对象。服务器开始发送请求的数据对象给客户端，数据通信采用客户端和服务器之间都可以理解的通信协议。

在请求路径中，可以引入代理，要么当客户端在确定服务器的位置时，要么当客户端向定位服务器发送请求时。当客户端寻找服务器时，他们可以设置代理服务器而不是真正服务器的名称，此外，网络可以识别哪些是发送给服务器而不是直接发送给代理服务器的请求。

当客户端直接向代理发送请求时，代理只能满足所有请求中的一部分。在缓存代理中，代理就像客户端发送给服务器一样将对象数据的第一个请求转发给原始的服务器，当代理接收到对请求的回应时，它就在本地复制一份回应的数据，如果随后的请求针对的是同一对象，代理可以使用这份复制的数据。

有时，在服务器中一个数据对象是新版本的而在服务器代理上则是老版本的，在这种情况下，由代理客户端提供的响应是过时的。为了避免这种情况，可以采取两种方案：第一种方案是，如果数据对象被修改的话，对于每个请求代理都检查服务器的数据对象，这种检查只涉及对比已经改变的数据对象的时间戳而不必考虑整个数据对象，这样的话就可以节省带宽。第二种方案是当服务器中数据对象有变化时，服务器通知代理服务器。在这种情况下，服务器需要跟踪多个有复制数据对象的代理服务器并通知它们及时更新版本。

对象缓存广泛应用于计算机网络中的多种不同类型协议，或许应用对象缓存最常见的协议是超文本传输协议（HTTP）协议，它使用基于网络静态页面的缓存代理。在参考文献［9］中，有对多种类型的 Web 缓存代理和其所用技术进行的调查。一般而言，如果客户端和代理之间采用的协议与代理和服务器之间采用的协议是相同的话，则缓存对客户端和服务器都是透明的这个目标可以达到。HTTP[10]内置的缓存支持和允许缓存代理检查内容的更新，同样，服务器也能提供某些具体的内容是否可以被代理所复制，比如，动态生成的页面可以被服务器确定为不可缓存。另外，一些可以使服务器将代理缓存中的一些陈旧的内容设定为无效的技术也已被开发出来。

在网络中，可能有多个而不是一个单一的缓存代理。当这些代理分布在网络中时，这些代理缓存共同构成一个内容分发网络，这就需要一个智能化路由设计方案，以使得代理为客户端的请求提供最佳服务[11]。在互联网中广泛部署的内容分发网络使用的是域名服务机制，通过该机制使客户端的请求直接找到最合适的代理。

3.4　对象压缩

在任何类型的数据通信中，目标都是在发送方和接收方之间传输信息。减少在瓶颈链路传输数据对象字节数量的方法之一是在传输之前对对象进行压缩，采用这种方法要求发送方和接收方的协议都能够识别并支持压缩的对象。

有多种算法和方法可用于对数据的压缩以减少所需要传输的字节量，压缩算法分为两大类：无损压缩和有损压缩。在无损压缩中，数据被压缩后整个原始数据对象还可以没有任何错误地被重新解压。而在有损压缩中，原始数据对象的一部分被认为是不太重要，为了更好地减少信息量而将不重要的部分丢弃。无损压缩适用于一般的数据对象，而有损压缩则适用于那些在有一部分内容损失仍可以容忍的数据对象，例如，音频或视频内容，即使在有一部分内容轻度退化的情况下，人们也仍然能够理解。

最流行的无损压缩算法当属于 Lempel-Ziv 系列算法[12,13]，这些算法寻找内容中出现的重复图案或序列，在第二次或随后出现相同的图案或序列时用一个较小的信息来代表它们。作为数据对象的处理算法，它将创建一个表，该表以位模式的方式存储相对应的较短的代表信息。该表是动态生成的，它取决于被压缩的对象内容。一些文献中也指出了一些其他的无损压缩算法[14,15]。

有损压缩的压缩效率通常比无损压缩效率更高。许多用于压缩图像、音频和视频文件的常见技术，例如 JPEG、MPEG 和 MP3，就运用不同的有损压缩技术。有损压缩的思路是通过丢弃不重要部分的原始数据而达到这个目的的，有多种方法和算法能够实现该目标，参考文献［14，15］对有损和无损数据压缩算法进行了研究。

压缩方案对网络利用率的有效性取决于对传输内容减小了多少，如果压缩算法将一个对象的大小 S 压缩为 cS，则可从原来的利用率 U 改变为 cU，这会导致瓶颈链路的有效利用率转移到图 3.2 所示曲线的左侧。

3.5 数据包压缩

虽然数据压缩对于减少瓶颈链路上传输的信息字节是有用的，但它有一个实际问题，为了使它工作得很好，发送方和接收方都必须面对的事实是传输的是压缩的内容，而大量的协议假设传输的内容都是未压缩的，如果传输压缩内容的话需要大量的修改，这种在发送方和接收方的修改从成本角度来看在许多情况下都是不现实的，而数据包压缩很大一部分优势就是可以压缩而不必对应用层软件进行修改。

在如图 3.1 所示的网络中使用数据包压缩器将会使网络看起来如图 3.4 所示的网络一样，就是在瓶颈链路的两侧各插有一个盒子，这两个盒子不需要紧靠着瓶颈链路，但瓶颈链路的两侧都需要有一个。发送方发送的数据由一个盒子压缩为较小的数据包，而后将压缩后的数据包经过瓶颈链路传输给另一个盒子，另一个盒子将压缩包恢复为原来的数据包。图 3.4 中所示将数据大小减小的盒子为压缩器，而将数据大小恢复的盒子为解压器。

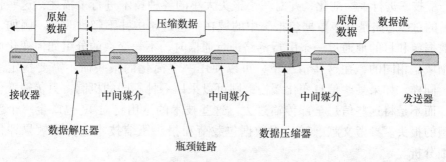

图 3.4 简单网络模型中的数据包压缩

　　数据包压缩技术是一般数据压缩概念的变形，在最常见的通信协议中，数据是通过更小的单位（称为数据包）进行传输的，每个数据包承载的内容是数据包的有效载荷，除了有效载荷，每个数据包中还包含了一个数据报头，它对路由包和在接收方对接收到的数据包的有效载荷进行重组是有用的。当对数据包的内容进行压缩时，数据包的报头和数据包的有效载荷也都可以进行压缩成字节进行传输。

　　有效载荷压缩使用的是对大量数据进行无损压缩相同的算法。然而，由于压缩是在线上两个不同的网络设备之间进行的压缩，因此必须对一般的压缩技术进行一些必要的修改，它通常是通过使用一个基于字典的压缩算法进行修改，这本字典在发送方和接收方都使用，它包含了将出现的一些常见类型的位模式映射为更有效的编码模式，它用一个较小的代码替换频繁出现的数据包的内容。根据字典中模式的发生频率，这种压缩方法可以有效减少信息内容的大小。

　　数据包压缩技术一个相对较新的发展是字节缓存技术。在字节缓存[16]中，字典是在两个设备之间是同步的，频繁发生的内容用一个小的散列来替换。字节缓存根据两个设备之间传输的数据包的内容建立一个动态字典而不是有一个预定义的字典。这个字节是为特定的散列码匹配被存储在每个装置的高速缓存中，故名字节缓存，这样的话，字节缓存可以达到节省带宽的目的而数据包压缩却不能做到。如果在网络中要将相同的内容发送到多个接收方，字节缓存可以识别向多个方向同时发送的重复内容，将用更短的哈希值来替换大量的重复数据包。

　　基于字典的其他有效载荷压缩变种包括在每个点维持多个词典，基于内容逐包选择字典，或者基于当前内容为预测未来字节流生成估计值[17,18]，这些变种充分考虑了效率问题。

　　报头压缩所针对的是在传输控制协议（TCP）和互联网协议（IP）的标准头文件，这两种通信协议在今天许多的通信网络中都使用，在许多情况下它们需要添加一个显著的开销比特。正常使用条件下，TCP 和 IP 报头的大小至少有 40B，当用于在带宽受限的链路通信时，尤其是对于较小的有效载荷数据包时，这可能会增加一个显著的开销。多种网络请求注释（Request For Comment，RFC）[19-21] 对报头压缩技术进行了标准化，并对减小报头大小的各种技术进行了描述：这些技术背后的总体思路是许多数据包报头中的域在一些链路中并不经常改变。例如，如果数据源和目的地通过一条串行链路进行通信时，不管交换的分组如何变化而这两个域是相同的，在这些情况下，可以使用一个简化的报头而不需要指定这些域。同样，如果某些信息变化缓慢，则可以采用一种不同的机制，只传输变化部分，而不是将这些信息全部传输过去。这些技术的运用将对 IP 包产生一个新的类型的报头。参考文献［22］对数据包载荷和报头压缩技术进行了效果评估和详细分析。

3.6 流共享

流共享可以被看作是数据包压缩技术的一个变种，它充分利用了在拥挤链路上传输的信息知识。正如前面所提到的，对象缓存可以用来检查同样的内容是否被两个不同的用户访问，如果是，则后面的请求发送一个缓存复制的响应给第一个请求，但它针对的内容是静态的，而对于动态生成和发送的信息进行请求时它并不能工作。

在现实生活中可能出现一些常见的情况，体育赛事在互联网上直播，许多人观看，音频和视频通常以这种方式广播，其格式对带宽的要求比普通文本也更高。其他类似的情况出现在多个参与者的视频会议，通常也是相同的直播内容传送给多个参与者。放在网络上受欢迎的演讲或公司执行广播也是这种情况的例子。尽管这些应用程序只是所有应用程序的一小部分，但大量的视频内容也使它们成为网络带宽的一个大用户。

在这种情况下由于内容是动态生成的，对象缓存将无法工作。数据包压缩也不是有效的，因为到达接收器的内容并不是以相同的方式进行分组。例如，数据包压缩的变形，字节缓存能够跨越分组边界而识别内容，可以有效地减少这些类型的应用程序所需要的带宽，但它们需要大量的计算和跨越多个数据包边界的缓存来达到共享内容的目的。流共享可以在更高层次上获得相同的目标，它为对象缓存的效率和数据包压缩的效率提供了一个桥梁。

网络中的流是两个设备间数据包流的流动。流共享的基本思想是识别出携带相同的内容两个或两个以上的数据流，而只对其中的一个数据流进行传输。图3.5和图3.6分别描述了流共享的基本概念。图3.5显示了一个发送方与多个接收方进行通信时的原始配置，在流经瓶颈链路的许多数据流中都有相同的内容。

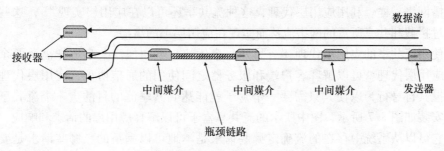

图 3.5 简单网络模型中的多向流

图3.6显示的是当在系统中使用流共享时的同一组发送方和接收方。在这种情况下，如同数据压缩包情况一样，瓶颈链路的每一侧都有一个盒子，位于发送方一端的盒子将具有相同内容的数据流形成一个单独的流，而与接收端对应的盒子

再将单一的流分解为多个流，即每一个接收器一个流。

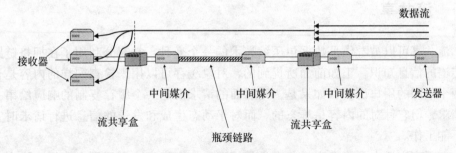

图 3.6　简单网络模型中的流共享

在基于 IP 的网络中，在每个 IP 数据包的报头中流通常以 5 个域进行鉴别：源地址、目的地地址、数据采用的上层协议以及源端口和目的端口使用的上层协议，这 5 个域也被称为五元组。如果两个数据流的五元组被鉴别为是相同的内容，则它们可以由一个单一的流所取代。

正如在数据包压缩机制一样，流共享的使用也需要使用两个设备。在这两个设备中，一个设备有一套规则，该规则用于识别多个流携带相同的内容，当两个或更多这样的数据流被确定为携带相同内容时，另一端设备发送这些流具有相似性的信令，当两个设备基于该信令机制同意对数据流进行压缩时，第一个设备将这些数据流压缩为其中的一个流，第二个设备再将单一的流重新建立多个流。

流共享可以在网络协议的多个层中执行。在 IP 层，实现流共享的一种方式是利用 IP 组播[23]。在 IP 组播中，如果应用在编写过程中考虑了组播存在的情形，则路由器可自动提供单流。尽管网络并不总是支持 IP 组播，但处于拥塞状态的中间网络通过采用诸如不使用隧道的自动组播（Automatic Multicast without Tunnel AMT）[24]，仍然可以拥有流共享的优势。AMT 使得组播流能够被识别和传输就像在单播网络一样。利用应用层代理，这种流共享还可以在应用层实现[25]，这些代理通过拦截和共享所需的网络流从而实现在应用层上的组播。

使用流共享的应用层代理还有另外一个优势，不用像流共享那样需要两个盒子，应用层代理就可以解释客户端和服务器之间使用的通信协议，应用层代理可以操控其自身行为以使其只需要一个盒子就能达到共享流的目的。一个流共享设备的安装如图 3.7 所示，图中所示的流共享盒子可以解释应用层的请求和响应，因此，它可以从系统中存在的流确定哪些请求是本地可以满足的，哪些请求是要返回到服务器的。比如，考虑到一个需在移动终端上观看直播比赛的应用，除了广播视频流，应用程序还有第二面板，该面板可显示个性化的更吸引人观看的节目广告。应用层代理应该能理解应用层的哪些请求涉及广播视频流，哪些请求可以被本地流管理器所满足，哪些请求是针对个性化的广告板的，哪些请求是要经过瓶颈链路去服务器的。

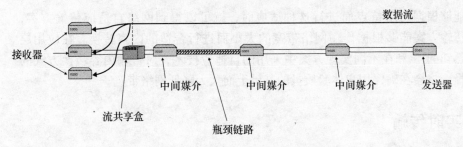

图 3.7　采用单一盒子方法的流共享

当运行宽带应用程序如视频流、直播和网络会议时，利用流共享而节省的带宽和减少瓶颈链路利用的效果非常明显。随着对同一流共享的接收方数目的增加，瓶颈链路所节省的带宽也越来越明显。

3.7　内容转换

由于不同格式的信息在网络中占用带宽不同，一些对象可以转换成不同格式在移动网络上进行传输。例如，视频流可以以不同的速率进行编码[26]，许多视频编码方案[26,27]都包含一个基础层和几个增强层，当接收方在仅接收到视频编码方案的基础层时，对于用户而言，视频质量可以保证，但随着接收的增强层越多时视频质量越佳。这可以使发送方根据传输的可用速率来控制传输视频流。

可变速率编码也可被用于人类认知的其他类型的内容（如图像）。图像可以通过使用一个较低的分辨率表示来减小图像的容量大小，如可采用减少表示图像的像素或在保持相同分辨率的同时缩小其尺寸。在传输图像时，可根据不同的可用传输带宽而采用不同版本的图像质量进行发送。

网络中的代理或信息发送者可以利用这种功能来确定在网络上传输应采用的信息的格式。图 3.8 显示了内容转换降低了在本章使用的简易网络模型传输中的带宽。图中假设的内容变化是由代理进行的。网络中的代理接收高带宽内容，并将其转换为适合低带宽传输的内容。

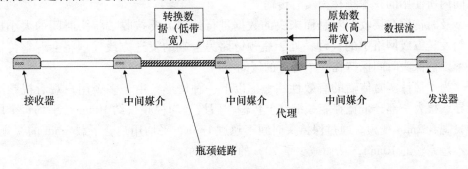

图 3.8　简单网络模型中的内容转换

当能够根据网络特点而进行这种适应时，就可以得到网络自适应传输方案，自适应传输方案能够根据传输网络带宽的大小而进行合适的内容转换。在应用层有几种熟知的[28]和在不同实现方案中采用的自适应技术，对传输内容转换方式的正确选择，将会在确保用户体验质量的基础上而大大降低网络带宽。

3.8 实时传输

通过网络复制信息大致可以分为两种模式，一种是下载模式，另一种是流模式。在下载模式中，要想使用信息，必须等待整个信息由接收端接收完毕才可使用，采用下载模式进行下载的一个例子是 PowerPoint 演示文稿，直到整个演示文稿下载完毕后，接收端才能使用。而对于流模式而言，即使是信息的一部分在接收器已经下载而其余部分正在被下载时，它仍可以使用已经下载的一部分，从互联网进行视频播放就是流模式的一个例子，一旦有几秒的视频片段在接收器下载完毕后，而剩下的视频仍在下载过程中，用户仍可以观看已经下载的视频。

在采用流模式这种应用时，通常会在接收端保持一段头时间，头时间是接收端可以使用已经下载信息的时间段。在大多数使用互联网上的视频播放器时，头时间通常是由客户端状态栏表示。当网速较快时，头时间较长。在许多情况下，甚至在当接收器只能看它的一小部分时，整个视频片段也可以完全下载。

许多人在看流媒体电影时，往往不是把整部电影看完，而是只看最初的几秒钟视频。在这种情况下，如果电影的很大一部分不被观看，在接收端不被观看的部分将被丢弃。从在拥塞链路中能够最大化传输有用数据这一目标而言，一个大的头时间将会适得其反。当用户观看短短几秒后而关掉视频后，在接收端已经下载的这段视频需要丢弃。

及时传输的目的就是确定在接收端需要保持头时间的上限。头时间的大小需要仔细考虑，它应该足够大以保证在观看视频的流畅性而不卡，同时它也应足够短以致提前终止的视频不会导致大量未使用的字节而被丢弃。确保头时间在这个区间内所使用的技术统称为实时传输。

及时传输在接收端对悬而未决的数据进行处理需要接收端将头时间的大小报告给发送方或网络中的代理，处于瓶颈链路另一端的发送方或代理将会调整传输速率以确保头时间保持在一个合适的区间。

为了估计实时传输的有效性，考虑以下一种情形：由于多个用户观看视频流而导致很大一部分带宽在瓶颈链路上传输，假设平均视频长约 10min，平均每个用户只观看 2min 视频。通过保持头时间不超过 1min，平均用户会下载 3min 的视频，而不是完整的 10min，从而减少了 70% 的带宽需求。

3.9　速率控制

当物品供不应求时，例如，汽油和食品供应，政府通过授权进行配额定量供应是很常见的，其目的是防止少数人多占用资源和保持对稀缺资源相对公平的资源共享。

速率控制是与之类似的方式，它是限制网络中用户带宽容量的一个进程。假设有 100 个用户访问一个带宽为 100Mbit/s 的链路，平均而言，每个用户都应该获得 1Mbit/s 的带宽。然而，由于不同网络协议的特质，一些用户将可能会比其他用户获得更多的带宽。一些用户通过对他们的系统进行不同的调整，将能获得超过其公平份额的带宽。

让我们研究一下业界某些产品采用（更确切地说是滥用）的一种通用机制。设计 TCP 的初衷是使基于 TCP 的不同通信流彼此可以相互传输。如果有 N 个 TCP 连接流过一个拥塞的链路，如图 3.1 所示的情景，由于每个用户都会调整各自的发送速率，直到其发送速率为拥塞链路带宽的 $1/n$。通常情况下，如果有 100 个应用程序运行在链路上，各为其数据转换开一个 TCP 连接，每个将获得拥塞网络链路一个相等的份额。然而，如果开发者想为他设置的应用程序获得更多的优势，使其传输得更快，他可以同时打开两个 TCP 连接而不是使用单一的连接，那么则会有 101 个连接共享链路带宽，而开发者的应用程序将会获得 2/101 的份额拥挤链路的带宽，将会是其他连接的两倍。同时，他可以不仅仅打开一个额外的连接，也可以打开 10 个或 20 个连接，以获得更多瓶颈链路的共享。在这种情况下，开发人员可以使其应用程序运行得更快。

如果每个应用程序开发者都采取这种方式，则没有人会获得优势，情况对大家会更糟。由于每个用户都必须在他们应用程序时保持更多的连接，使其更为复杂。正是由于这个原因，很少有应用程序开发商会这样做，然而，总有一些应用程序开发者可能会这样做。

当一些应用程序开发者采取这样的行动，而其他应用程序开发者不采取这样的行为，这样采取这样行为的应用程序就会混杂在所有应用程序中。开发这样的应用程序有许多方法，在一个大型的分布式网络中，一些用户或应用程序都可以采取这样的行动，以获得对有限资源更多的共享。

速率控制是限制了不同的分组流进入链路时使用的带宽不超过链路带宽以下的某一值。速率控制机制通常涉及网络中每个链路的分组调度机制，分组调度机制将对单个的网络数据包流采取的带宽设定上限。

3.10　差异化服务

当连接的用户超过带宽可最大处理的用户数目时，可以将用户分为多个具有不同优先级别的用户组，即相对于其他组而言，可以给予一组优先的服务，这种想法是为了确保具有高优先级的用户组所具有的服务，当然，它是在以牺牲低优先级服务的基础上而获得的。一组用户比其他用户在享受服务时具有优先级的类型被称为差异化服务。

在给予不同服务质量时可采用许多不同的方式，在出现过载情况时，不是为每个用户提供同样减少了的带宽，而是会给予一组用户比其他用户更高的带宽。分配的可用带宽不同，使得分配更高速率带宽的用户能够获得更好的服务质量。

一些网络，尤其是面向连接的网络，为了建立一个连接或新用户接入网络时需要一个信号机制。在这种类型的网络中，信号机制可以提供差异化的服务，这个过程被称为接入控制，在接入控制中，一些用户的接入要优于其他用户。当网络出现过载情况时，来自低优先级组的用户请求加入网络时会遭到拒绝，这就使得高优先级组的用户在申请加入该网络时具有较高的成功概率。而在某些情况下，当另一个用户（属于较高优先级组）试图接入网络时，可能有较低优先级的用户可已经接入了网络。

除了信号机制外，分组传输也可提供类似的具有优先级的差异化服务，属于高优先级用户的数据包将比属于低优先级用户的数据包能够得到优先的对待。

速率控制和差异化服务是紧密联系在一起的策略概念，策略决定了哪个应用程序、用户或网络流处于什么服务水平或可使用的带宽。不同类型的网络设备都有各自的机制来实施策略。然而策略控制更重要的方面是确定哪一类用户具有更高优先级的行政决策，而这则是技术性标准不能确定的。

第4章 降低成本技术综述

在前面的章节中提到，网络运营商希望：从他们现有的网络得到的最大带宽，而这可能会变得越来越拥挤；在数据增长的情况下减少运营成本；从网络中的数据流受益。本章主要探讨有助于减少移动网络运营商运营成本的一些途径。

前面的章节着重对如何在不升级瓶颈链路带宽的情况下能够传输更多的数据进行了探讨，这种方法也是降低经营成本的一种方式，因为它在获得更宽的网络带宽的同时降低了费用。然而，这种方法不是降低运营成本的唯一方法。本章将对降低移动网络运营成本的其他方法进行探讨。

4.1 概述

移动数据的增长使得第1章描述的移动系统的各个实体花费额外的费用，消费者对新一代智能手机和他们的流量套餐付出更多，企业和应用服务提供商需要投入更多的基础设施（服务器和软件）以使员工能更好地利用移动设备访问信息和企业服务，移动网络运营商升级网络需要额外的投资。即使在前面的章节中讨论的带宽最小化技术，也需要插入新的设备，这也是有代价的。

移动网络运营商发现他们处于有点风险的状况，他们需要投资移动设备升级网络以提高数据传输速率，但由于网络的规模庞大，这是一项很高的花费。如果他们升级后的网络速度不快的话，就可能使客户转向其他具有竞争关系的移动网络运营商。同时，最赚钱的是由应用服务供应商提供的不断增长的移动设备带来的各种应用服务，而它们都是运行在互联网上的。对于大多数应用服务而言，在提供相同服务方面，移动网络运营商与应用服务供应商相比没有任何优势。因此，对于移动网络运营商而言，寻找降低费用的途径势在必行。

随着网络改进技术和新应用程序的开发，弄清网络结构有助于了解网络运营商怎样可以降低成本。提高网络带宽的新技术会一直不断出现。与此同时，响应不断增长的带宽，受益于高带宽应用而不断催生的新的占据高带宽的应用程序，反过来，这可能导致部分网络的拥塞。

由于能够提供更多带宽的技术不断演进和由此产生的高带宽应用不断增长，使得大多数网络都具有如图4.1所示的网络结构。图中显示了几个内部连接很好的簇，但连接不同的簇之间的通信链路往往过载。整个网络由连通性能好的簇和网络上一些没有足够连接能力的点构成。

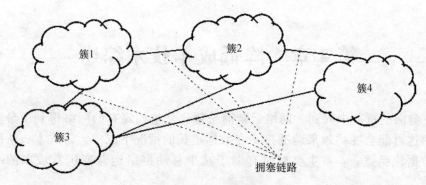

图 4.1　簇结构网络

　　瓶颈链路存在的原因通常与成本、地理环境和行政边界相关。在跨国网络中，在同一个国家的网速可能是非常快的，但国外的通信容量可能由于与本国相连的链路成本的限制而受到影响。通常，在互联网基础设施内部，不同的互联网服务供应商之间对等的链路要比每个互联网服务供应商自己内部的容量要小。在其他情况下，成本、技术的局限性以及商业协议使得建立的链路容量不足。欧洲的许多移动运营商，在非城镇地区的移动基站通过微波链路相连。通过对网络进行升级而采用光纤进行连接时，将会有充足的网络带宽，但运行光纤所需的成本使该方案并不可行。在某些情况下，连接不同簇之间的网络链路是租来的或是依靠另一个运营商而获得的，在这种情况下，租赁带宽的成本可能是影响运营商获得更多带宽的制约因素。

　　因此，由于各种各样的原因，网络基础设施获得如图 4.1 所示的结构——簇内部连接很好而在一些特殊的部分存在瓶颈链路。一些方法适合降低簇内部连接的成本，而其他一些方法更适合具有带宽瓶颈的部分。

4.2　基础设施共享

　　运营移动数据网络所需的基础设施包括无线频谱的一部分、蜂窝基站、连接蜂窝基站与其他网络的链路和在不同的网络、不同的地点所需的网络设备。这种基础设施是昂贵的，是需要提供移动数据服务净支出的重要组成部分。一个相似的基础设施也能够满足其他类型的网络需要。

　　降低经营成本的一个方法就是多个网络运营商之间共享基础设施。这样，成本由多个不同的运营商共同分担，每个运营商只需支付一小部分费用。例如，两个或更多的公司共享发射塔这一基础设施时，都可以把自己的设备安装在发射塔上。

　　基础设施共享的范围可以从一个简单的基础设施共享，如两个运营商共享一个发射塔到共享更加复杂的不同链路和不同网络设备之间的共享。除了共享设备以外，两个运营商可能会分享他们的网络基础设施的一部分。在无线侧，这可能涉及共享相同的网络设备，该网络设备可能在两个频段运行，每个频段对应一个运营商。超出这一水平的共享，两家运营商也可能选择共享同一频段，使两家运营商的用户使用相同的频谱接入网络。在有线侧，两个运营商可以分享相同的回程网络以连接蜂窝基站设备到核心网络，也可以共享部分有线网络。

在基础设施共享方面存在地理维度方面的共享，一个运营商可能会在世界的某个地区有比较完善的基础设施，而另一个运营商可能在另一地区有比较完善的基础设施，那么这两个运营商可以分享彼此的基础设施，在第三方的区域内，两个运营商也可与第三个运营商进行基础设施共享。在某些情况下，运营商占据了一个地区的大部分基础设施，也可以将其基础设施租赁给其他运营商。

当两个运营商共享更多的基础设施时，他们需要放弃一些他们原有的对基础设施的一些控制。例如，一个运营商可能会担心另一个运营商安全标准的降低，也会关注由于其他运营商对于安全的宽松而增加了其所负的责任。随着基础设施共享水平的增加，每个运营商对基础设施的控制力度就会减弱。

4.3 虚拟化

虚拟化是一种可减轻对共享相互关联的一种技术，它使得某件事物看起来像一个独立的副本。如我们说我们有一个物理控件，这个控件可以是一台计算机，可以是记忆棒，也可以是网络链路。一个虚拟控件的行为方式与物理部件相同，但它只是利用物理控件的一部分构建，或是结合几种物理控件构建，或利用一个与物理控件稍微不同类型的物件而构建。

例如，一个 100Mbit/s 容量的网络链路可以看作为 10 个 10Mbit/s 的虚拟链路，而每个虚拟链路都是独立的。同样，10 个 100Mbit/s 容量的物理链路可以认为是 1Gbit/s 容量的虚拟链路。一个物理的网络链路支持一个特定的网络协议，例如，在以太网边缘安装网络驱动软件或物理连接器，可以成为一个虚拟的链路，它就可支持另一个协议（如光纤信道）。同样，服务器虚拟机概念将服务器合并为一个服务器，虚拟内存将会创建一个比物理内存更大的内存，这在工业上经常应用。

当网络基础设施共享后，并采用虚拟化技术降低了共享之间的关联。一个虚拟化的网络可以从另一个虚拟网络中分离。虚拟化技术提供了足够的独立，这使得每个运营商在享受由于基础设施而带来的低成本的同时也能够管理虚拟组成部分。虚拟化的概念可以应用于无线接入网络、回程网络、核心网络和计算机中，可以使其提供网络中所需的功能。

虚拟化技术使得运营商能够为其他运营商在安全的方式下提供一部分基础设施进行共享。共享的方式可能是不同的，这取决于不同运营商之间的地域和业务关系。

4.4　整合

　　整合原则是利用"规模经济"这个一般概念演变而来的降低成本的原则。一般而言，使用一个更大的系统来提供多种服务的话，那么单位消耗的成本则会降低，相比一个小农场而言，一个大的农场生产同样的粮食所消耗的成本要低，一个大的工厂生产某个部件相对于小的工厂而言消耗的成本也要低。尽管大型工厂或农场在运行方面需要更多的开支，但无论是在固定成本以及运行成本方面，在分摊到大量的单元时，每个单元所消耗的成本是比较低的。

　　这种情形对于计算机和通信情况类似，尽管较大的计算机价格比小计算机昂贵，但平均在每个指令上所消耗的费用是比小计算机低的，容量大的网络信道每一单元带宽所消耗的成本也要比容量小的网络信道消耗的成本要低。为了降低运营成本，在大型服务器上和大容量信道上尽可能地整合业务可减少运营的总成本。

　　这种整合非常适合在如图4.1所示的簇内部连接非常好的网络结构中，这些簇中每个簇都是由不同类型的设备组成，执行不同的功能。如果簇内执行功能的设备连接的拓扑结构如图4.2所示，这是一个按等级分层的拓扑结构，在该拓扑结构中连接各簇之间的设备的容量是有限的。其他簇的显示如图4.2中的云。为了说明的方便，我们假设在每一个位置设备的大小和容量都是相同的。

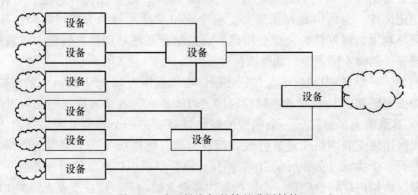

图4.2　连通性良好的簇的分层结构

　　图4.3显示了一个具有相同拓扑结构的替代配置，但与之不同的是，除了一个设备外其他所有的设备都用同一微型或更小的版本替换，而替换后的较小的版本将不能执行如图4.2所示设备的所有功能，其主要职能是确保将数据包转发到一个功能更强大的版本设备中，这个功能更强大的设备如图4.3中显示的位于树状结构的根部的设备。然而，在原则上，功能强大的设备可以配置在网络的任何地方，只要是功能较小的设备都能够将数据转发给功能强大的设备或从其接收数据。

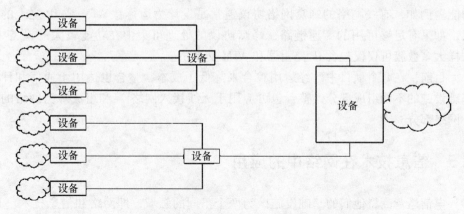

图 4.3　连通性良好的簇的替代结构

如果功能较小的设备比正常的设备要便宜，那么图 4.3 所示的系统总成本将小于图 4.2 中所示的系统总成本。假设在网络簇中有 N 个设备，C_s、C_n 和 C_l 分别表示功能少、正常和功能强大设备的成本，这里所指的成本既包括购买设备本身的成本，也包括设备运营的相关成本，也包括两者相结合的成本。在图 4.2 所示的配置中，其成本为 NC_n，而在图 4.3 所示的配置中，成本为 $(N-1)C_s + C_l$，如果 $(N-1)(C_n - C_s) > C_l - C_s$，则图 4.3 所示的配置的成本会更低，换句话说，单一的功能强大的设备所花费的额外成本费用被其他功能小的设备所节省的成本抵消了。在大多数大型网络中，设备的数目 N 是非常大的，通过整合而节省的成本是可观的。

为了节约成本，整合必须保证在不牺牲网络性能质量的情况下进行，要进行整合，最关键的需求是在簇之间能建立高速连接。正如第 1 章中所提到的，网络功能总是呈现出分层结构的方式，因此，每个设备所包含的功能可视为支持不同网络层的协议栈。一个正常的图 4.2 所示的设备结构如图 4.4 所示。最底层即显示为阴影框的部分，通常是用来连接网络簇中所有设备以进行互连的。上层通常包含几个不同的功能，其功能的多少取决于协议的复杂性。

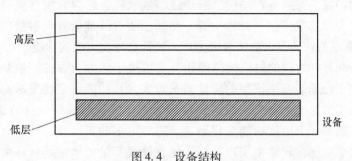

图 4.4　设备结构

当设备整合完成后，通信协议最底层的功能必须具备功能小的设备所需要的功能。例如，有线网络的蜂窝网络协议通常是设计为运行在 ATM 或 IP 之上的协议，如果有足够可用的高速链路，蜂窝协议的处理可集中在功能较大的设备中，这样大多数簇可仅仅包含 IP 路由器和 ATM 交换机。

目前，在几个项目中已经运用整合来降低了成本，整合也适用于通信和计算基础设施的不同组成部分，整合也可应用于无线接入网络[28]和组成蜂窝网络的核心网络部分[29]。

4.5　信息技术在网络中的应用

电信运营商将他们的基础设施区为两个不同的领域，即网络和信息技术（Information Technology，IT）基础设施。网络负责语音、数据和专用网络设备的运行，IT 基础设施由运行在计算机服务器上的软件系统组成，它具有计费和记录等功能。除了电信网络，应用于工业领域的计算机服务器从花费每美元所达到的处理能力这个观点来看，它要便宜得多。一种降低网络运营成本的方法是将网络运营软件运行在 IT 服务器上，问题是能否在不牺牲由专业网络硬件提供的可靠性和性能的情况下而做到这点。

正如第 1 章中所提到的，绝大多数的网络基础设施都按层定义，每一层都建立在另外一个功能层之上，常见的网络有 4 个网络功能层，如图 1.2 所描述的。在这 4 层中，底下的两层存在于所有的网络设备中，而顶层通常存在于通信终端中。上面的两层通常为运行软件的 IT 设备如个人计算机、笔记本计算机和服务器，而底部的两个层通常运行在专用的设备上，IP 层将被这些专用设备的软件进行处理，而 MAC 层则被这些专用设备的硬件进行处理。

在实践中，经常会发现多于 4 层的运行协议。分层架构使其自身呈现递归栈的形式，一种网络技术的应用层是建立在另一种网络技术之上的。因此，如果在网络中捕获一个分组并对它进行检查，经常会发现数据包嵌套了 7 或 8 层的协议头。

一般而言，转换高层协议栈实现的功能要比转换低层协议栈实现的功能要容易，低层的协议，特别是物理层，很难迁移到软件，因为它们有更严格的时序要求并且需要专门的数字信号处理运算。然而，随着处理器处理容量的增加，运行在标准 IT 系统的软件有可能实现更多地需要低层才能完成的功能。

在硬件和软件之间的协议栈的确切界线取决于软件与硬件实现某个功能的成本。如果用于处理某一协议层的构件需求量大，且功能稳定性要求高时，如执行一个广泛采用的标准，那么完成这种功能的大量的产品采用硬件方式要更便宜。另一方面，如果一个协议功能变化迅速，需要更多的灵活性，并具有较低的需求量时，则这个功能在软件中实现最好。随着处理容量的增加，软件可实现更多的功能。

有几个项目对在软件中运行最底层协议和无线电协议的可行性进行了研

究[30,31]。这些研究表明，在标准 IT 服务器上运行所有的网络协议在技术上是可行的，然而，从最低成本的解决方案这一角度看，采用软件运行所有的网络协议并不可取。在许多情况下，最低成本解决方案是将一些上层协议采用软件运行，而剩下的协议则由硬件卡或集成的硬件子系统来实现。

在蜂窝网络产业中，经常会发现专用盒式设备运行所有的协议层，包括应用层。这些专用的盒式设备要比标准的 IT 服务器更昂贵。通过将专用软件设备迁移到运行在标准 IT 服务器上的软件往往会获得成本效益。在这样的系统中，大多数上层协议的处理将在软件中进行，而低层协议如果仍在软件中实现的话将不符合成本效益，它是通过连接到 IT 服务器的特殊硬件卡实现的，或是通过用 IT 处理器连接到完成低层功能的专用硬件设备的这种混合系统结构来实现的。

在一些网络中，协议的功能分为控制操作和数据操作。控制操作是需要初始化和网络运行所需的功能，如交换信息来确定信息在网络内路由的情况。数据操作是那些对信息进行实际转换所需的功能。一般来说，与数据操作相比，控制操作将使用更少的计算和通信资源。因此，在许多类型的网络中，控制操作由运行在 IT 服务器上的软件实现，而不是由处于分布式网络工作环境中的专用硬件来实现，这样做可以降低成本和网络设备的复杂性。

第 2 部分　移动网络运营商技术

第 5 章　无线接入网络中的带宽优化和成本降低

本章主要对移动网络运营商在无线接入网络领域中面临挑战的几个具体技术进行讨论，在前两章对一般方法进行了讨论，本章主要就这些一般方法在无线接入网络中的应用进行分析。

5.1　概述

正如第 2 章所提到的，由于移动数据增长而产生的瓶颈主要在于无线接入网络，本章对缓解带宽瓶颈的方法进行探讨。

从高级研究人员的角度来看，本章所描述的技术可以分为四大类，第一类技术包括通过增加、改造和升级无线接入网络从而使用户获得额外带宽的方法，第二类技术包括通过其他网络对无线接入网络的补充从而获得更多带宽的方法，第三类技术包括对无线接入网络带宽使用进行调节、控制和管理的方法，最后一类技术包括抑制用户对带宽需求的方法。

5.2　升级无线接入网络

缓解无线接入网络带宽不足的最明显的方法是获取更多的带宽，最简单的办法就是给无线接入网中分配更多的电磁频谱，传输中的数据吞吐量与用于通信的可用电磁频谱成正比，添加额外的电磁频谱可以明显缓解无线接入网络的带宽不足。

在任何区域，移动数据通信的可用频谱都是由具有相应管辖权的政府机构所控制的。为了释放更多的用于移动数据通信的频谱，必须搞清楚频谱需求。由于可用频谱的物理限制，这可能意味着从其他的应用（如电视信息传输和军事通信）中剥夺一些频谱。即使政府机构能够释放一些额外的频谱，也不会是频繁地释放，或释放的频谱也不能完全满足不断增长的移动数据的频谱需求，获取频谱的成本也非常大，在大多数国家，许可证费用已经达到了数十亿美元。

即使额外的频谱是可用的，它在物理上也有一定的限制并且会耗尽。在这种情况下，移动网络运营商必须找到一个办法，使用该方法可从分配给它的可用频谱中获得最大的数据带宽。在大多数情况下，它会导致无线接入网络在设计方面产生变化，下面将描述一些可能提高数据吞吐量的设计方案。

5.2.1　技术更新

在同样的频谱上获取更多的带宽的方法之一是使用不同的通信技术，这样会具有较高的频谱效率。频谱效率是衡量一个给定电磁频谱的频率范围内 1s 能发送多少比特数据的一个量纲。作为一般规则，新协议的频谱效率往往比旧协议的频谱效率要高，这意味着切换到新的技术这种方法可以在同一频谱内获得更高的数据吞吐量。

有许多不同的技术可在蜂窝网络中用于传输数据。在 1970 ~ 1990 年间，应用于无线网络中的协议数目与应用于有线网络中的协议数目一样混乱无序。在这一期间，不同公司采用和支持不同的协议，如 Appletalk、系统网络体系结构（System Network Architecture，SNA）、高级对等网络（Advance Peer to Peer Network，APPN）、互联网数据包交换（Internet Packet Exchange，IPX）协议和互联网协议（IP），这些协议都是由不同的公司提出的，它们之间无法实现互操作。自 20 世纪 90 年代中期以来，IP 在普及方面超过其他所有协议，成为占主导地位的协议，降低了其他公司人为形成使用孤岛的概率。这种聚合为单一类型的协议还没有在蜂窝数据网络中发生。因此，在蜂窝网络中仍使用大量的协议，每一个协议都得用几本书来详细描述。在下文中，对这些协议进行简要的介绍并阐述它们之间的关系。

目前，在全世界各个地区应用的蜂窝数据网络协议主要有 3 个家族，这 3 个家族分别是 3GPP 家族、CDMA 家族和 IEEE 家族，每个家族的蜂窝数据网络协议都由一组协议组成，这些协议又大致分为几代：2G、3G 和 4G，其中 G 代表"代"，而数字表示无线网络协议技术复杂程度的增加。随着"代"数的增加，同一家族的下一代技术能提供比现在协议更高的数据吞吐量。

图 5.1 显示了不同的协议家族使用的主要蜂窝数据协议，每个家族都代表了定义蜂窝协议标准的一个组织或协会，第三代合作伙伴计划（3GPP）就是这样的一个协会，它定义了一个家族的协议。另一个协会称为第三代合作伙伴项目 2（3GPP2），这个协会是独立的，它与 3GPP 协会是竞争关系，它制定了不同的标准，为如图 5.1 所示的码分多址（Code Division Multiple Access，CDMA）协议家族，它也可以称之为第三代合作伙伴项目 2（3GPP2）协议家族，但称之为 CDMA 协议家族能够避免命名的混乱。第三个主要的蜂窝数据网络协议家族由电气和电子工程师协会（Institute of Electrical and Electronic Engineer，IEEE）定义。

图 5.1 中，3G 协议被进一步分为 3.5G，同一协议家族中 3.5G 中的协议要比 3G 协议传输得要快但不如 4G 协议传输得快。不同协议家族的同一代协议具有类

似的数据吞吐量。

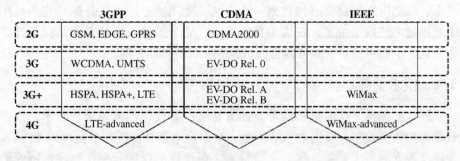

图 5.1　蜂窝协议家族

3GPP 协议是世界上应用最广泛的协议，通用移动电信系统（Universal Mobile Telecommunication System，UMTS）或宽带码分多址（W-CDMA）网络是不同国家的主要主体蜂窝网络，W-CDMA 网络的特点取决于具体采用的传输调制技术类型，W-CDMA 网络的下一代协议包括高速分组接入（High Speed Packet Access，HSPA）、HSPA + 协议套件和称为长期演进（Long Term Evolution，LTE）的高级版本，更高容量的协议称为 LTE-Advanced，也已经由 3GPP 规定，目前，许多移动网络运营商使用 W-CDMA 协议并逐步向 LTE 迁移。

3GPP2 协会出版了系列的竞争标准即 2G 版的 CDMA2000 协议。随后，针对数据通信，开发了增强型语音数据（Enhanced Voice-Data Only，EV-DO）标准，已制定了 3 个版本：0 版本、A 版本和 B 版本，每个版本都能够提供更高的数据吞吐量。

IEEE 制定了全球微波互联接入（WiMAX）规则，WiMAX 在美国和其他一些国家得到应用，WiMAX 的先进版本可以支持更高的数据传输速率，它支持的数据传输速率可与 LTE-Advanced 相媲美。

基于政治和历史的原因，存在这些标准组织，至于存在的种种原因这个问题由于过于复杂，本书限于篇幅不对这些进行阐述。值得一提的是，在这 3 个主要的协议家族之外还有一些协议，本书忽略了这些协议，因为这些协议对本书的主线没有任何价值，在这里提出这个问题只是澄清一点即图 5.1 中列举的协议并不包括所有的蜂窝协议。

升级无线接入网络到同一协议家族的下一代协议能够为用户提供更多的带宽，然而，这种升级的花费比较大，包括更新蜂窝基站上的系统，更换用户手机以支持新的协议，升级系统中可能导致系统出现瓶颈的组件。因此，大多数移动数据网络的技术升级是一个漫长的过程。

5.2.2　高密度无线接入网络

假定移动网络运营商不能或不愿意升级无线接入网络的技术，或许是因为更换所有用户的手机是一个漫长的过程，这就需要在不升级技术的情况下找到一些能为用户提供更高带宽的方法，高密度无线接入网络正是实现这一目标的一种方法。

正如第 1 章所述，根据无线接入网络的设计，其接入区域被分成称为蜂窝的规则区域，每个蜂窝由一个或多个蜂窝基站服务，蜂窝区域内可用的频谱量能提供一定的数据吞吐量，其大小与蜂窝区域所采用的协议有关。

如果将蜂窝区域半径缩小，缩小为原来的一半，则新蜂窝区域的面积为原来蜂窝区域的 1/4。如果原始蜂窝覆盖的区域有两百个用户是活跃的，那么新的蜂窝区域仅需要支持原来 1/4 的用户，约 50 个用户，相同的可用带宽由较小的一组用户共享，则蜂窝区域中的每个用户可以获得相对较大的容量。将无线接入网络的覆盖面积分为尺寸较小的区域一般称为高密度无线接入网络部署，原始的蜂窝区域被称为宏蜂窝或大蜂窝，而较小的蜂窝区域称为微蜂窝或微微蜂窝。小蜂窝或高密度无线接入网配置可以为小用户数量分配多的可用带宽。

图 5.2 阐述了高密度无线接入网络系统是如何工作的，假设你的服务需要覆盖城市里的一个矩形区域，可以采取使用一个大蜂窝区域这种方法来覆盖整个矩形区域，移动设备覆盖区域通常规划为六边形，这主要是因为六边形覆盖区域可以相互连接形成一个整个的平面区域。图 5.2a 显示了一个大的蜂窝区域是如何覆盖整个矩形区域的，图 5.2b 显示了利用大小为图 5.2a 大蜂窝区 1/3 的蜂窝如何覆盖同样的区域，同样的区域需要用 7 个这样的蜂窝。

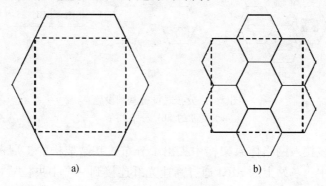

a)　　　　　　　　　　　　　　　　b)

图 5.2　高密度无线接入网
a）宏蜂窝　b）微蜂窝

这是使用小蜂窝的另一个优势，随着覆盖距离的增大，蜂窝基站上装备所需的功率也在增加，传输所需的功率与覆盖距离的二次方成正比，因此，与大蜂窝相比，小蜂窝往往会消耗更少的能量，小蜂窝基站上的设备尺寸要比大蜂窝基站上设备的尺寸要小，耗电量也少。如图 5.2 所示，在覆盖该矩形区域的情况下，每个小的蜂窝基站所需的功率大约是大蜂窝所需功率的 1/9，由于只需 7 个小蜂窝基站覆盖该区域，因此，系统所需的净功率需求通常会减少。

尽管在高密度部署中蜂窝基站上设备的尺寸要小，成本要低，但其总成本很容易增加，为了降低高密度部署蜂窝系统的总成本，可运用第4章描述的整合的方法。基站设备可分为两部分：射频单元（Radio Unit，RU）和基带单元（Base Band Unit，BBU），RU 通常完成发送和接收功能，而 BBU 则是完成协议处理所需的其他功能。传统基站设备的功能都是通过一个 RU 和一个 BBU 实现。RU 可以从 BBU 中取出并转换成远程射频单元（RRU），RRU 是一个非常小且紧凑的设备，不需要很大的空间，也不需要太多的基础设施，它安装在小蜂窝基站上。许多 RRU 连接到一个中央 BBU，这个中央 BBU 扮演所有 RRU 的 BBU 角色。这样，系统的总成本要比在每个蜂窝站点安装一个完整的 RU-BBU 单元要低得多。

图5.3 显示了分布式设备基础设施是如何工作的。图5.3a 显示的是每一个蜂窝基站站点都需要安装的普通设备，这一设备需要实现 RU（或 RRU）功能和 BBU 功能，在真实的设备中，这两种功能并不像如图5.3 所示的是很完整地割裂开来，但这两种功能都需要实现。当实现这两种功能时，一个蜂窝网站接管了所有其他蜂窝站点的 BBU 功能，图5.3b 显示了通过在中心蜂窝站点的一个大 BBU 来完成所有蜂窝站点的 BBU 功能，其他的蜂窝站点只完成 RRU 功能，而 RRU 体积更小、价格更低、需要支持的基础设施更少。

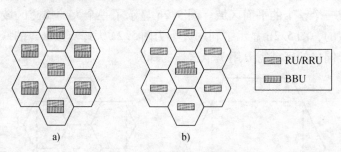

图5.3　分布式设备基础设施
a）正常的　b）分布式的

实验云无线接入网络体系架构中提出了分布式基站架构的扩展模型[29,30]，在这种体系结构中，基站上的 RRU 通过高速光纤连接到一个中央位置，这个中心位置由数据中心通常使用计算机组成。使用专门电子设备实现的大部分功能，都是以在计算机上运行的软件形式出现的，甚至无线电功能都是通过软件来实现的。

5.2.3　多跳蜂窝网络

高密度的部署通过引入额外的静态小蜂窝基站数目而获得额外的带宽，然而，没有必要限制额外的蜂窝基站采用一种固定模式进行配置，也没有必要限制额外的蜂窝基站在有有线接入的地方配置。在无线接入网络中获得额外带宽的一个办法是将基站设备移动到需要获得额外带宽的地方，这些基站之间可以进行相互通信，或者使用自带的无线互联互通功能与固定基站进行通信，这就导致了一种被称为多跳蜂窝网络的概念[32]。

在传统的蜂窝网络中，基站有时被安装在卡车或拖车上，这就有了车轮上的蜂窝站点，它通常称为车载基站。一个车载基站可以提供额外的带宽，当有必要为短时间内形成的一组用户提供额外蜂窝通信能力时，例如，当举办一个体育赛事时会有很多人聚集在一起，在这种情况下，一个车载基站可以以这种方式在短时间内增强网络通信能力。

当使用一个车载基站时，移动设备和蜂窝基站之间的通信需要两跳，一跳是从移动终端到车载基站之间的通信，另外一跳是从一个车载基站到蜂窝基站之间的通信，这一概念可以归纳此类架构即移动终端通过不是一跳而是多跳才到达蜂窝基站。正常的蜂窝网络和多跳蜂窝网络的区别如图 5.4 所示。

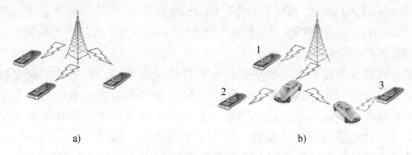

图 5.4　多跳蜂窝网络

a）单跳　b）多跳

图 5.4a 显示了在一个蜂窝基站覆盖区域内多个正在移动的终端是如何与蜂窝基站上的设备进行通信的，每一个移动终端都是直接与蜂窝塔设备连接。图 5.4b 显示的是在多跳网络中移动终端是如何与蜂窝基站相连的，在这种情况下，移动终端使用中介设备间接连接到蜂窝基站，中介设备可以安装在出租车、公交车或其他类型的固定或移动设备上，图中有一个移动终端（移动终端 1）直接连接到蜂窝基站，而另一个则通过两跳（移动终端 2）连接到蜂窝基站，而另外一个则经过三跳（移动终端 3）才连接到蜂窝基站。

多跳蜂窝网络可以看作为以动态无线网络连接在一起的几个车载基站，多跳网络也被称为混合网络。移动终端可以通过几跳的方式达到由有线基础设备连接的基站，其数据包一路上会通过一个或多个车载基站。不同车载基站的位置彼此相对固定或变化，如果变化时，不同的车载基站就会彼此相对移动，这时在管理车载基站之间连接的拓扑结构和路由信息时就更为复杂。

传统的车载基站往往是比较大的，可以展望的是，在大都市地区，多跳蜂窝网络也能够安装在出租或公共汽车上。移动节点为某一区域的用户增加覆盖面积提供了一种替代的方法，这种方法可以用于人口密度高和有大量出租车与公共汽车的城市地区。

在蜂窝网络边缘拥有多跳能力的理念是非常管用的，可用于提升现有蜂窝网络的容量。虽然有一些学术刊物一直在对多跳蜂窝网络进行研究，但它尚未得到广泛的部署应用。

5.2.4   箱内网络

在无线网络中，用于提供动态容量的另一种理念是由各类初创企业开发的，我们可以将其产品描述为箱内移动蜂窝网络。正如第1章所提到的，无线网络由两部分组成：无线接入网和核心网。网络两部分的多种功能是由安装在网络中的不同设备完成的，例如，在通用移动电信系统（UMTS）网络中有4种类型的设备，它们能完成移动无线网络的所有功能，这些设备被称为节点B、无线网络控制器（Radio Network Controller，RNC）、服务GPRS支持节点（SGSN）和网关GPRS服务节点（GGSN），其中GPRS是通用分组无线业务的缩写，其他的无线网络标准也有类似的设备，但它们叫的名字不同。

几家公司将这些设备完成的功能作为软件模块来实现，并把要实现完整无线网络所需的设备作为一个软件系统。无线传输协议通常由射频卡或另一个安装在传统计算机系统上的设备来完成。射频卡与运行于计算机中的软件一起，支持人们将任何一台性能强大的计算机转换为一个完整网络，提供一种箱内网络。这种使用软件功能提供箱内网络是第4章中提到的网络中IT技术的应用实例之一。

这种完整的网络可用来增强现有网络的能力，且其实现的成本要比在原来网络上配备新的各种类型设备所需的成本更低。必要时，它们可以为无线网络的专门应用提供额外功能，如通过无线网络来实现对电网运行状况进行监控的解决方案。

5.3   补充额外带宽

在之前的章节所讨论的解决方案都是通过改变无线接入网的结构来获得更多带宽或通过添加额外的设备到无线接入网络中。在许多情况下，有可能在用户附近有额外的可用网络，利用这些网络可获得额外的带宽。本节主要对网络容量的机会式使用进行讨论，家庭基站和接入网络中的Wi-Fi卸载属于这一类技术。

5.3.1   家庭基站

一个家庭基站[33]可以被看作是一个小蜂窝站点的例子，但有一个重要的区别，其他的蜂窝站点如宏蜂窝、微蜂窝或微微小区连接的是无线接入网运营商提供的有线基础设施，而家庭基站连接的是蜂窝服务用户订阅的互联网服务。

现在，很多家庭通过有线方式与互联网相连，这种连接是通过向互联网服务提供商交付订阅费获得的，家庭或小型办公室接入互联网的典型设置如图 5.5 左侧点划线椭圆所示，图 5.5 右边显示的是与家庭以外的网络连接。一个移动终端如手机在室内（或家庭外）通过蜂窝基站上的设备连接到蜂窝网络，现在，大多数家庭里的计算机也可以访问互联网上的服务器，互联网接入的典型配置是通过接入路由器。接入路由器连接到由提供家庭互联网服务运营的互联网部分，接入路由器通过综合业务数字网（Intergrated Service Digital Network，ISDN）、非对称数字用户线（Asymmetric Digital Subscriber Line，ADSL）、同轴电缆或光纤等基础设施接入运营商网络。接入路由器最初连接到 Wi-Fi 接入点是非常常见的，很多家庭设备如电脑、笔记本电脑、机顶盒或游戏控制台都使用 Wi-Fi 作为第一跳连接到互联网（见图 5.6）。

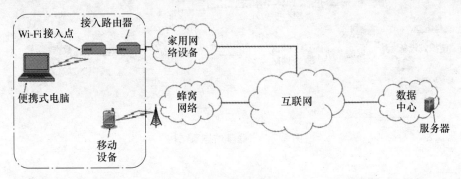

图 5.5　典型的家庭接入

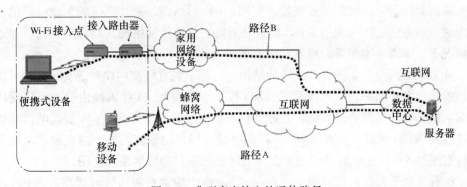

图 5.6　典型家庭接入的通信路径

如图 5.5 所示，移动终端和家里的笔记本电脑连接路径通常是不同的，当移动终端需要访问连接到互联网数据中心的服务器时，它会将数据通过无线接入网传输到蜂窝基站，接着再通过蜂窝网络传输给互联网，再传输给数据中心，这条路径如图 5.6 所示的 A 路径，笔记本电脑访问同一服务器的路径如图 5.6 所示的 B 路径。如果无线接入网络拥塞，然后移动终端也可以使用旁边的可用路径 B，而这正是家庭基站的应用场景。

家庭基站实质上是一个可连接到互联网的小型基站，它可以为小范围（通常包括一个家庭或办公楼）内的移动终端提供连接。

图 5.7 说明了家庭基站是如何配置的，图中的虚线显示的是手机访问互联网上服务器的路径，家庭基站通过接入路由器连接到互联网，可以与用户进行通信。移动终端与家庭基站之间的通信采用的协议是与蜂窝基站连接时一样的协议。然而，由于由移动终端的数据包达到家庭基站后，家庭基站立即传输到互联网，这样所有的通信都避开了拥挤的无线接入网络，由于数据包发送到互联网上，一旦它们到达基站，这也缓解了无线接入网的带宽需求。

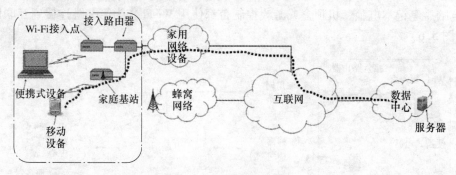

图 5.7　家庭基站体系结构

5.3.2　Wi-Fi 卸载

家庭基站另外一种配置方式就是使用 Wi-Fi 网络作为避开拥挤的无线网络的一种方式，该方法适用于采用 Wi-Fi 协议和蜂窝协议支持网络接入的移动终端，在这种情况下，不需在家配置家庭基站而直接转换到 Wi-Fi 网络就可以了。

如果家庭网络为如图 5.5 所示的结构，一部手机有蜂窝网络和 Wi-Fi 两个可供通信的接口，在家里，它可以使用 Wi-Fi 接口连接到 Wi-Fi 接入路由器也可以使用蜂窝网络接口连接到蜂窝网络，智能手机可以通过配置使其在 Wi-Fi 覆盖的区域优先连接到 Wi-Fi 网络，而在没有 Wi-Fi 网络的时候使用蜂窝网络。当在家每次使用手机都通过 Wi-Fi 连接时会消除大部分智能手机来自蜂窝网络的使用。

这种方法不是仅局限在家里。有许多 Wi-Fi 供应商在很多区域提供有 Wi-Fi 热点，例如，许多互联网服务提供商在机场、火车站、购物商场等区域提供 Wi-Fi 热点服务。智能手机可以通过配置，以使其在有授权 Wi-Fi 网络覆盖的区域时时优先使用 Wi-Fi 连接，再连接到互联网。

Wi-Fi 卸载能够在具有双重接口的智能手机上有效工作，它的一个限制是，它对仅支持蜂窝网络接口的手机不起作用，要在这种手机上有效的工作，需要在手机内添加一个额外的 Wi-Fi 接口。这是否是一个重要问题取决于网络中使用何种移动终端模型。

卸载行为不仅仅局限于 Wi-Fi 网络，也可以应用到为用户提供更好连接的网络，这里的"更好的连接"意味着更便宜的网络、免费的网络、更快的网络或者容量更大的网络。

5.4　带宽管理

之前讨论的所有的为用户增强移动数据可用带宽的方法仍然不能满足为网络中所有用户提供足够的带宽是极有可能的。在这些情况下，带宽成为稀缺资源，为了最大限度地在拥塞的网络中进行访问就需要对带宽进行管理。本节将对可用于无线接入网络中的带宽管理方法进行分析。

管理带宽这一稀缺资源使用的原则同其他稀缺资源管理相比没有什么不同，尽管如此，由于无线接入网络中带宽的特殊性质导致它在实现中有细微差别。

5.4.1　速率控制

速率控制方案，即在第 3 章所描述的，可以应用到无线接入网络中以解决带宽不足的问题，在无线接入网络中实施速率控制的方式取决于无线接入网络中所采用的传输技术。

一些无线接入协议如 GSM 为连接到网络的用户分配一个固定的速率，另外一些无线接入协议如 LTE 和 WiMAX 则允许为用户分配部分动态的带宽，也可以用来限制用户特定的带宽，在后者的情况下，通过为网络用户配置适当的带宽限值来达成速率控制的目标。在前一种情况下，无线接口层的任何限制条件都将很难执行，但可以在上层协议（例如，在 IP 网络层）设置带宽限制。这可能要求一种支持特定数目用户随时接入网络的方案与之配套。

下面，主要通过在无线接入网络中对不同用户速率控制的方式对不同方法进行分析，为了描述不同的方法，建立一个模型如图 5.8 显示的无线接入网络的端到端系统。

图 5.8 显示了一个移动终端通过 IP 访问数据，从移动终端到互联网的数据流需要跨过蜂窝网络的 3 个部分，第一部分是连接移动终端和蜂窝基站上装置的链路。在这一部分中，无线传输的数据包格式与代表 RAN 无线部分的虚线云上面的图类似。数据包会有一个 RAN 协议报头（具体形式根据采用的无线网络协议而定），接下来有一个 IP 报头，再接下来有应用层有效载荷（如图中所示的 APP），也可能含有其他协议的报头如传输控制协议（TCP）和超文本传输协议（HTTP）。第二部分从蜂窝基站开始，当蜂窝基站上的网络设备接收到数据包以后，它会将数据包转换为如 RAN 的一组协议报头，RAN 报头可用于与核心网络通信。根据具体的 RAN 协议，RAN 报头本身可能是一整套其他协议。第三部分从核心网络开始，这是 IP 报头相关的第一个地点，紧接着数据包将根据 IP 的规定开始转发。这

正是图中所示的最底层 IP 数据包，虽然在实际传输中可能会用到 MAC 层的一些底层协议。在接收端，相似的转换也在不同的数据包上进行。

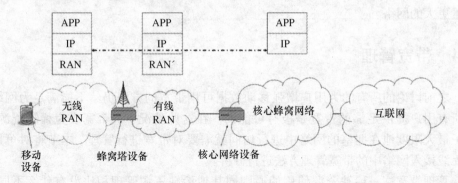

图 5.8　端到端的无线接入网模型

用于限制用户可用带宽的速率控制机制既可以应用于 IP 层（如某一高层应用层协议），又可以应用于无线网络层（如无线传输或有线传输的 RAN 协议）。速率控制也可以在上游数据流（从移动终端到互联网的数据包流）和下游数据流（从互联网到移动设备的数据包流）中实施。

在上游数据流中，移动设备的 IP 层可以限制用户设备的可用带宽，限制量的大小可以根据蜂窝基站上的装备而定，也可以根据无线接入网络的控制装备而定。此外，如果无线接入网络本身支持带宽控制，带宽控制也可以在无线网络中实施。

在下游数据流中，核心网络中处理 IP 数据包的设备可以限制适用于特定设备用户的带宽量，在对用户的带宽量进行限制时，核心网络中处理 IP 数据包的设备可能需要与一些接入网络的设备相配合进行，因为，接入网络设备清楚每个用户被分配的带宽量。此外，如果 RAN 或 RAN 协议支持对下游数据包带宽量限制的话，那么下游数据包带宽量的限制可由蜂窝基站上的设备实施。

在当前的网络中，应对下游链路实施比上游链路更严格的带宽限制，因为，控制无线网络带宽的机制在核心网络中可用，采用的机制有政策收费和规则功能（Policy Charging and Rules Function，PCRF）。

政策是管理带宽或其他稀缺资源的一个重要方面，在网络拥塞的情况下，将每个人的可用带宽量减小到带宽量的一小部分是应对网络过载的许多方法之一。假设有 150 的活跃用户而网络只能够支持 100 个用户，不是给每个人相应减少的带宽，而是也可以决定有 100 个用户能在任何时间都能访问网络，剩下的 50 个用户被拒绝访问网络。在这种情况下，很难决定哪 100 个用户是应当随时可以访问网络，哪 50 个用户是应该被拒绝访问网络的，是严格按照先来后到的次序还是其他依据呢？是所有用户都同等重要，还是一些用户比其他用户更重要呢？这些都是不同的政策问题，需要在这些政策问题中选择一个。

在许多情况下，选取的政策通常并不是每一个用户都具有相同的优先级，在这种情况下，为不同的用户组提供不同的服务水平，由此产生了差异化服务技术。

5.4.2　差异化服务

在第 3 章中描述的差异化服务概念也可应用于无线接入网络，差异化服务在无线接入网络中的应用与速率控制的应用类似，当网络中的用户多于其带宽可以有效处理的用户数量时，可以将用户分为不同优先级的多个组，对一个组的处理可比其他组的处理优先。这种方法的思路是以牺牲低优先级用户服务质量的代价来保证具有高优先级用户的服务。

在无线接入网络中实施差异化服务可能采取许多不同的方式，在网络过载情况下，一组用户会获得比其他用户更高的带宽量，而不是给网络中每个用户平均分配较少的网络带宽量，这种对可用带宽差异化的分配方案使得被分配有更高速率的用户能够获得更好的服务。

另一种可选方法是在接入控制阶段，通过赋予优先级的方式，为高优先级组成员提供高质量服务。在所有蜂窝网络中，移动设备需要利用移动终端和蜂窝基站上设备（或蜂窝网络中的另外一个位置）之间的信令协议才能与网络相连。当网络过载时，低优先级组的用户想要接入网络时将被拒绝，而高优先级组的用户将有更高的成功概率接入网络，实质上，相当于给予低优先级组用户零速率。在某些情况下，一些较低优先级组的用户在高优先级组用户试图接入网络时就可能已经接入网络了。

完成差异化服务的机制与速率控制机制类似，所有这些控制的能力的实现都在 IP 网络层，无线网络的结构也使得在无线接口层完成这些控制时有不同程度的灵活性。

5.5　非技术性方法

本章之前所讨论的应对无线接入网络带宽不足的各种机制都是技术类的方法，此外，也有一些非技术性的方法可以用来影响网络带宽的应用，某些移动网络运营商正是利用这些方法来尽量减少对无线网络的带宽需求。

无线网络带宽的主要驱动力是智能手机的数据密集型应用带来的。到 2009 年左右，大多数美国无线网络运营商为智能手机提供每月收取固定费用的无限制流量套餐，欧洲的几家无线网络运营商也提供了类似的无限流量套餐。美国和欧洲是智能手机应用增长的两个主要市场。由于移动智能手机允许用户访问互联网上任何地方的数据，因此，无限流量套餐开始被许多网络运营商认为是不适合的。

因此，一些网络运营商已经开始消除无限流量套餐而转向提供有限流量套餐或分层流量套餐。在这些计划中，每月交固定费用的用户消费的数据有一个上限，如果用户超过这个上限，将会根据超过的数据量的多少收取额外的费用。这些计划的基本原理是使每个用户消费的数据限制在一定范围之内，从而调节他们消耗的额度，这种思路是通过较高的价格来阻止用户使用太多的带宽，如果谁消耗的资源多，将交付更多的费用。

采用分级价格模型来调整用户带宽需求的做法是一把双刃剑。如果某个地区的所有网络运营商只能提供有限种类的流量套餐，则人们会期待用户行为方式发生相应的改变。然而，如果一些经营者继续提供具有竞争力价格的无限流量套餐，手机用户可能会倒向那些运营商，这样就会使提供分级流量套餐的网络运营商产生亏损。此外，渴望得到带宽的新移动终端生产商也会倾向于支持运营商提供无限流量套餐。因此，在采用分层定价计划时需要仔细分析，由操作者确定这能否成为他们的一个有效策略。

演变的分级定价计划在用户消费超过其流量套餐预定的限度时，并不收取额外的费用，而是通过限制超过部分的数据速率。用户能以网络支持的最大可能速率交换数据一直持续到数据的使用上限，如果用户传输的数据超过了其上限的话，其传输速率将会大幅降低。对于那些不想支付高额费用的用户来说，这是一件好事，伴随着这种机制产生的各种问题与标准分级价格套餐中的问题是等同的。

其他的网络运营商采用其他机制使用户减少他们的带宽消耗，这些机制包括识别多点带宽的用户，例如，包括识别在网络中消耗网络带宽最靠前的1%的用户，识别后为多占用带宽的用户设置一些障碍，例如，一旦多占带宽用户每月下载的数据超过一个特定的阈值时，将对其下载额外数据时的下载速率进行限制，这样做的思路是，如果这样的带宽用户切换到另外一个不同的网络，那么这将对原来的网络运营商是一个好事，这种方法权衡实际，但可能导致客户不满。此外，在确定是否单独将这些措施应用到带宽利用的方法上必须仔细考虑。如果带宽独占用户可能对其他客户的计划产生影响，例如，订有多种蜂窝套餐的户主或能够对诸多用户产生深远影响的小企业主，在决定限制网络数据速率时都必须把这些因素考虑进来。

用于检测带宽滥用的技术，也可以用来检测那些可能将移动设备连接入网的人们。连接入网是使用移动设备与其他计算机或设备共享互联网接入资源的一种方式。连接入网包括将手机作为调制解调器连接到其他计算机，以及将手机作为其他设备通过有线或无线接口访问接入点。连接入网可以大大提高移动数据的使用率，导致运营商网络超负荷运行。一些移动网络运营商在签订合同时，可能会声明不提供免费的连接入网。尽管如此，有些软件包允许人员违反合同使用连接入网功能。通过对网络数据的实时分析来检测未经授权的连接入网是移动运营商降低他们的网络数据使用量的技术之一。

移动运营商采取的另外一种方法是在某些情况下关闭高带宽应用来缓解他们的网络压力。例如，移动终端在 Wi-Fi 连接具备高带宽的情景下使用视频聊天而在蜂窝网络中将视频聊天应用关闭。限制在蜂窝数据网络运行的应用是降低无线网络带宽的另一个非技术性方法。

　　类似的以用户为中心的方法鼓励人们不使用蜂窝数据，当用户走进一个可由其他网络提供服务的区域时，会实时提示他们不再使用移动蜂窝网络数据。在每一次进入 Wi-Fi 网络覆盖的区域时，很多手机都会提示用户，提醒用户以可替代的方式进行连接从而减少一些带宽压力。此外，手机可以被配置为连续扫描可用的替代网络以尽可能自动卸载使用蜂窝网络的数据流量。

　　如果无线接入的带宽需求持续增加，可能会有一些新的技术和非技术的方式鼓励人们少使用带宽。

第6章 回程和核心网络中的带宽优化和成本降低

本章主要对移动网络运营商在无线电回程网络和核心网络中面临的一些具体挑战进行探讨。在第3章和第4章中对一般方法进行了探讨，本章将对这些方法在回程网络中的具体运用进行分析。

6.1 回程网络和核心网络综述

正如第1章所提到的，移动网络的接入网部分由3部分组成：无线电信道、回程网络和核心网络。回程网络将蜂窝基站上的设备与核心网络中的设备相连。根据采用的无线协议技术不同，在回程网络中，不同网元使用的功能和构件也有所不同。然而，无论采用何种协议，都会存在一些共性基础技术。

正如第1章所提到的，网络技术都采用分层的体系结构设计，这种分层架构使得一组网络技术建立在另外一组网络技术的上层。移动无线网络，作为回程网络的一个组成部分，大多数网络运营商认为其包括3层，虽然也有的认为底部两层应该被视为一层。这3层如图6.1所示。

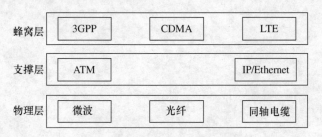

图6.1 回程网络的分层

最底层是物理层，包括链路和将回程网络各个部分链接的设备，回程网络可以是有线或无线的，在无线回程网络中，微波是主要技术。在回程网络的有线部分中，许多设备使用的同轴电缆将蜂窝基站与后端设备相连，在有线回程网络中采用的另一种技术是光纤技术，它提供的带宽比同轴电缆更高。

网络的物理层为移动回程网络提供了基本的链接，上一层为蜂窝通信协议提供通信基础。蜂窝通信标准指定互联网协议（IP）或ATM网络来实现支撑层功能。基于IP的支撑层是为移动网络运营商所广泛运用的。在许多情况下，IP网络在以太网上实现。以太网的一种变形——电信级以太网出现在部署的网络中，电信级以太网是一种增强型的以太网，它提供服务质量属性，并支持底层的光纤或微波链路。6.2 节将对电信级以太网进行详细分析。

　　网络的最上层是蜂窝网络，它是由蜂窝标准规定的设备和相关功能实体构成的。在通用移动通信系统（UMTS）的情形中，回程网络通常是指基站和无线网络控制器（RNC）之间的连接网络。在长期演进（LTE）网络的情形中，回程网络是 eNode B 和移动性管理实体（MME）之间的连接网络。利用基础网络来建立连接，蜂窝网络的网元在逻辑上是互通的。

　　三层体系结构也适用于移动运营商的核心网络，所不同的是核心网络中的物理层通常是基于电缆或光纤的有线网络，而很少使用微波链路。

6.1.1　回程网络技术探究

　　由于网络物理层是移动回程网络中影响带宽的主要因素，因此，有必要对不同的技术和其能力进行简要分析。如前所述，在移动回程网络中使用的 3 个主要技术是微波、铜线和光纤。

　　在不同地理区域，微波、铜线和光纤的技术组合变化较大，这与该区域移动网络的部署历史和发达程度高度相关。在欧洲，微波回程网络应用得要比铜更广泛，紧随其次的是光纤；在美国，微波用量很少，有线接入更为普遍。虽然铜线在很长时间内一直居于主导技术，但它已逐渐被光纤取代，像中国，回程网络的主要技术是光纤。在几个非洲国家，微波是占主导地位的技术。

　　在欧洲大部分地区和美国农村，基于微波的回程网络是连接回程网络与蜂窝网络的主导方法。基于微波的通信要选择合适的频谱，这需要当地的无线电监管机构许可。微波链路通常工作在 6～38GHz 频段，能够提供高达 300Mbit/s 的速度。新的微波链路频谱分配在 80GHz（也被称为毫米波频谱）可提供的速度达到 1Gbit/s。根据当地的地理特性和可用带宽，微波链路可以部署在 0.5～50km 之间的距离，其传输速率从 1Mbit/s～1Gbit/s。要达成微波通信，要求发送方和接收方在地理上应为通视的，而不需要铺设光纤，这种在安装时间上的便捷性使得该传输技术具有一定的吸引力。另一方面，微波传输受天气影响，其运营成本也比有线技术要高。

　　基于铜轴的回程网络采用双绞线同轴电缆提供链路，这种链路一般能提供 Tl（约 1.5Mbit/s 的带宽）或 E1（约 2Mbit/s 的带宽）的连接，也经常被用来提供 T3（45Mbit/s）或 E3（34Mbit/s）的连接。基于铜轴的回程网络可以提供更高速的带宽服务，如同光纤一样，它需要铺设电缆，在光纤出现以前，它是连接蜂窝基站的主要连接方式。目前，尽管铜轴电缆仍广泛部署，但对它的升级很可能会由光纤替代。

　　光纤可以提供更宽的带宽，其传输速率可以达到几个 Gbit/s。光纤传输几乎没有损失，使用中继器，光纤传输的距离会更远，使它们能够跨越很长的距离。光纤传输的安装设备比较昂贵，但光纤管道一旦铺设好，它们可提供很好的属性，一旦光纤导管放下，其容量的扩展的费用和延时将会非常小。

在微波、光纤和电缆这 3 项技术之上，都可以支持运行 IP 或 ATM 承载网的不同类型的接口。这些措施包括指定专线规格，如 T1、E1、T3 和 E3，这都是链路连接的标准接口。T 系列规格广泛应用于北美，而 E 系列接口则是欧洲标准，其他的还包括运行在光纤之上的同步光纤网络接口。

最近出现一种极具发展潜力的技术，是电信级以太网，这种技术支持采用诸如泛在以太网接口，建立链路与组网设备之间的连接，功能上增加了诸如用于连接不同网元的租用线路或树状拓扑理念。电信级以太网也具备服务质量属性，如果电信级以太网可用的话，同其他类型技术相比，它具备明显的成本优势。

6.1.2　回程网络带宽受到限制的原因

探究在回程网络中是什么限制了其带宽是非常有意义的事情，在回程网络中带宽的限制主要源于物理层的限制，也正是通过价格而确定可用带宽。

如果我们了解一下微波链路的无线基础设施，就明确了微波回程网络的带宽限制来自于微波链路可以承载多少带宽的这一物理限制。在最广泛使用的微波技术中，微波链路可以提供约 34Mbit/s 的容量。低容量的微波链路可以通过较低的成本获得，也可以采取措施使微波链路具备高达 1Gbit/s 的容量，然而，1Gbit/s 的微波链路的价格比容量为 34Mbit/s 微波链路要高得多。除了价格高，另一挑战是要升级到更高的传输容量需要额外的频谱接入，这就需要政府的许可，而这往往是不可能的。微波链路升级涉及的成本和技术问题使其难以达成。

与微波链路升级相比，有线基础设施升级涉及的挑战因素明显减少。虽然同轴电缆通常部署为 T1 线（1.5Mbit/s），它们能够支持更高的吞吐量，根据不同的调制方案，可用于在 1Mbit/s 和 50Mbit/s 的传输容量之间，如果采用先进的调制方案，其传输容量甚至可能会达到几 Gbit/s。铺设的光缆通常由多股光纤构成，每一股光纤能够传输高达 40Gbit/s 甚至更高的容量，多股光纤可以获得更高的传输速度。

对于有线回程网络而言，尽管在技术层面可以达到较宽的传输容量带宽，有线骨干也面临成本的限制。如要把光纤部署到发射塔，若光通信基础设备由承运人拥有，则可以以较小的增量成本获取额外的传输容量。然而，如果连接到蜂窝基站的光纤是由不同的实体所拥有的话，移动网络运营商必须支付光纤容量租赁的费用，获得额外带宽的成本可能相当高。

因此，即使没有严格的技术问题（如接口的限制），业务和成本问题可能引起回程网络的容量也会受到限制。

刚才从总体上对回程网络进行了概述，下面让我们看一下在回程网络中运用能够有效应对网络带宽的具体技术。

6.2　技术更新

如果成本可负担的话，升级回程网络技术可能是解决移动数据所造成的瓶颈最容易的方法。升级技术的选择取决于蜂窝基站的可选方案及其相对成本。下面让我们考虑每种技术类型的选择。

如果回程网络是微波回程网络，通过将微波转换为铜轴电缆或光缆，就可以升级到一个更高容量的回程网络。每种选择都涉及相关的成本，可以选择成本最低的选项。如果回程网络是铜轴电缆，那么可以升级到光纤。在某些情况下，甚至可能升级到高速微波。当回程网络是光纤的话，通过添加光纤可以获得额外的带宽。

6.3　流量卸载

流量卸载是回程网络的另一个选择，采取这一选项的前提条件是蜂窝基站或回程网络中的另一个点连接了一个独立的用于正常回程网络通信的网络。如果这样的网络是可接入的话，则可以将流量卸载到这一网络中。

在农村或偏远地区，连接到蜂窝基站的唯一可用网络极有可能是当前的回程网络，在这种情况下，流量卸载不是一个可行的选择。然而，在城市地域，一个蜂窝基站地域或蜂窝基站附近地区会连接不同的网络，在这种情况下，一些流量可以卸载到其他网络。

6.4　压缩

压缩或流量优化是回程网络的一种可行选择。在第 3 章中描述的与压缩有关的诸多技术可应用于网络，可以获得节省回程网络容量的益处。

在给出的 3 层结构的回程网络中，有几个选项决定在压缩装置应位于哪一层。通常情况下，压缩技术需要两大设备，分别位于需要节省带宽的链路两端。链路的每一侧都应有如图 6.2 所示需要完成的 3 个逻辑功能，这 3 个逻辑功能分别是：蜂窝标准协议处理所需的进程、基础网络的数据传输和物理层上的数据传输。

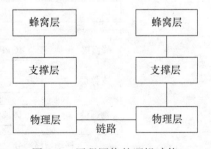

图 6.2　回程网络的逻辑功能

压缩可以在回程网络中的两个功能结构层之间运用，一个是在蜂窝网络协议处理层和网络支撑层之间的交叉点（例如，基于 IP 的转发）运用，另一个是在网络支撑层和物理传输层之间运用。压缩运用的这两个选项如图 6.3 所示。

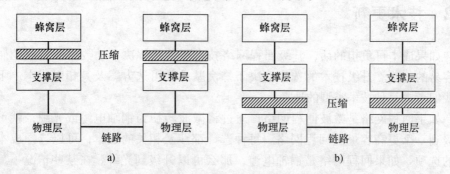

图 6.3 回程网络中数据包压缩选项

a) 蜂窝层和支撑层之间的数据包压缩 b) 支撑层与物理层之间的数据包压缩

如果选择后者的话（即图 6.3b），运用的包压缩技术涉及 IP 报头压缩技术，其他压缩技术如对象压缩、一般压缩包技术、流量共享技术以及它们的变体均可以应用于这两个选项。

6.5 转换

内容转换是必不可少的，它可以使用更少的带宽，从而缓解回程网络中的带宽过载。流量内的内容自适应转换可以大大节省回程网络所需的带宽。

由于内容通常是作为应用层的有效载荷，需要移动网络中最易转换内容的位置。为了确定这个位置，让我们看看在移动网络中不同的协议层承载应用层数据的方式。正如第 1 章所提到的，对移动设备可见的 IP 网络是一种覆盖网络，在整个蜂窝网络中，只出现了单跳通信。这种 IP 网络属于建立在蜂窝网络之上的另一层。正如本章开头所提到的，经由基站的蜂窝网络包括 3 层，此类系统的分层结构如图 6.4 所示。图中还显示了其他类型技术构建的网络各部分的相对位置。

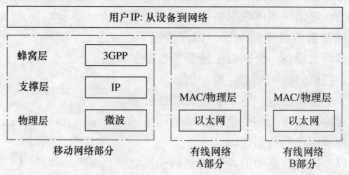

图 6.4 核心网络的分层

虽然存在一种底层网络（在诸多蜂窝网络实现方案中，它是一种 IP 网络），但是这种网络隐藏于蜂窝协议之下，它对连接移动设备入互联网的用户级 IP 网络是不可见的。应用级对象（如基于 Web 的视频播放请求）包含在用户级 IP 网络之上的高层协议中。

透明应用代理的引入可以改变应用层需要改变的内容，这是通过在用户级 IP 网络中部署一个应用层代理来完成的。由于用户级 IP 网络对于回程网络而言是透明的，因此，对于用户级 IP 网络，需要引入的不是回程网络而是属于移动网络运营商的服务网络。

图 6.5 显示了如何将代理引入到第三代合作伙伴计划（3GPP）网络，3GPP 的网络架构遵从一个模型，在该模型中蜂窝网络在一个被称作为网关 GPRS 支持节点（Gateway GPRS Support Node，GGSN）的装置中结束，内容转换应用层代理可以部署在 GGSN 和互联网之间的网络部分，这也正是由移动网络运营商提供的其他类型的服务的位置。

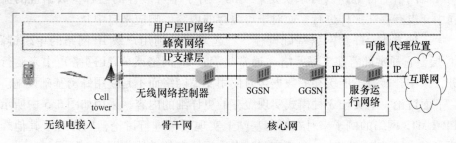

图 6.5　核心网络中代理的位置

对于 LTE 网络而言，蜂窝网络的等效终止点称为分组数据网网关（Packet Data Network-Gateway，PDN-GW），对于 CDMA 网络而言，其等效终止节点称为 PDSN（Packet Data Serving Node，分组数据服务节点）。根据所使用的技术，将应用层代理置于 PDN-GW 和互联网或 PDSN 和互联网之间。

6.6　缓存

缓存技术可以用来节省蜂窝回程网络的带宽，但由于蜂窝网络的体系结构带来了一些挑战，由于蜂窝网络中使用通道结构，源 IP 数据包或到达移动终端的目的数据包在蜂窝网络中都是隐藏在其他层中，只有在回程网络之后的核心网中才可见。类似于内容转换装置，缓存自然点会存在于移动网络运营商提供的服务网络中。然而，对于回程网络的带宽节省而言，缓存内容并不是很有效，因为大部分的内容流动是从互联网向移动设备这一单一方向流动的，服务网络中的内容缓存并不能阻止内容流向拥挤的回程网络。因此，为缓和回程网络的拥塞，缓存装置应该置于蜂窝基站上。

然而，在大多数蜂窝网络架构中，用户级 IP 数据包（例如，从移动终端发送到互联网服务器的 IP 数据包）对于蜂窝基站是不可见的。数据包被嵌入到多层蜂窝协议中，因为由若干跳通信构成的整个蜂窝基础设施看起来像用户级 IP 数据包的单一链路/MAC 层。如果缓存要在蜂窝基站上实现，那么用户级 IP 数据包需要在蜂窝基站上提取，要实施这种提取有 3 种可能的选择。

第一种方法：在蜂窝基站上执行蜂窝基站与蜂窝网络终止点（如 GGSN 和 PDN-GW）之间所有的网络功能。该方法支持在蜂窝基站处提取用户级 IP 数据包，并支持透明缓存代理的实现，实际上破坏了用户设备与蜂窝基站之间的网络架构。透明代理可响应移动设备对可缓存内容的请求，并将不可缓存的内容转发给预期的原始服务器。

第二种方法：实现一个中介，通过该中介从蜂窝网络中提取 IP 数据包并响应这些请求，同时将不能缓存的内容直接转发给预期的接收方。中介的实现能够确保内容对网络下行链路设备来说是透明的。对于不可缓存的内容，数据包的流动如同中介没有存在那样进行，而对于可缓存的内容，响应来自中介。

第三种方法：蜂窝网络基础设施，看起来像是到用户级 IP 网络的单跳链路/MAC 层，它通常部署在支撑网络（通常是隐式 IP 网络或 ATM 网络）中来运行其业务，该中介转发不能缓存的数据包时使用支撑网络而不是使用蜂窝基础设施。

下面讨论一下关于 3 种模式实现缓存的更详细的内容，采用如图 6.5 中所示的 3GPP/UMTS 网络的例子来对在蜂窝基站上实现缓存进行讨论，同样对于其他蜂窝协议也可采用类似的方法。在蜂窝基站上实现缓存的结构如图 6.6 所示。

在图 6.6 中，进行缓存时的蜂窝网络结构在图中设备底部显示，需要执行缓存在蜂窝基站部分在图中的中上部显示，蜂窝终端功能，即无线网络控制器（Radio Network Controller，RNC）、服务 GPRS 支持节点（SGSN）和网关 GPRS 支持节点（GGSN）功能都在蜂窝基站上实现。通常情况下，人们会发现，这些设备无法以符合蜂窝基站的规格实现，但可以实现相同功能的软件版本，可以将这些软件安装在蜂窝基站上的处理器中。用户级 IP 网络对于蜂窝基站是完全透明的，对于其他 IP 网络，缓存也可以像这样实现。

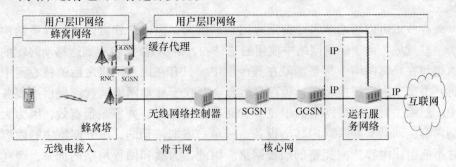

图 6.6　蜂窝基站上的缓存

在这种模式下会面临几个挑战，一个挑战是用户会移动到另外一个蜂窝基站的服务区域。创建一个应用层缓存代理通常意味着会终止最初连接移动用户的传输控制协议（Transmission Control Protocol，TCP）。当移动用户从一个蜂窝基站服务区域移动到另一个蜂窝基站服务区域时，TCP 连接和上层的应用层信息需要转移到新的蜂窝基站，缓存功能才能正常运转。这种转移能力可以建成透明的应用层代理，但针对每个应用层具体的代理，需要实现的能力都是特定的。它面临的另一个挑战是移动网络运营商的管理基础设施在设计上可能不支持这种方法所需的大量 GGSN 和 SGSN。

在蜂窝基站上实施缓存的第二种方法更为复杂，它涉及在蜂窝基站上提取数据包，随后恢复数据包流并将其返回到蜂窝网络中。要完成这样的工作，需要一个能跨越蜂窝网络几层协议的透明代理。代理需要完成蜂窝协议所需的全部功能，针对可处理的应用级数据流做出响应，并将不能缓存的内容重新注入数据包流中。其实，这种方法要求将蜂窝基础网络分解为如图 6.7 所示的两个基础网络，并在蜂窝基站处完成对 IP 数据包流的平滑处理。

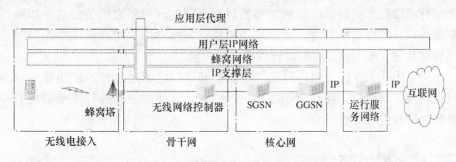

图 6.7　蜂窝基站上支撑层缓存

如图 6.7 所示，系统破坏了网络中的蜂窝传输模型，IP 数据包猝然生成，进而激活应用层代理开始工作。在数据包进入基础 IP 覆盖网络之前，可能会出现这种猝发现象，它是从蜂窝基站开始的。

创建这种类型的跨层代理是一个复杂的过程，需要密切协调和对不同层协议的集成。一些蜂窝协议需要加密通道和共享密钥。蜂窝协议根据流量套餐对传输到用户的数据进行跟踪，在大多数情况下，核心网络设备对计费信息进行计算。计费信息的更新需要适当的维护，以便缓存正常工作。

第三种方法是第一种和第二种的混合，在这种方法中，一旦数据包从 IP 网络中提取出来，就可以使用支撑 IP 网络来完成剩下的通信而不是将数据包重新注入蜂窝网络。这种方法在使用回程网络带宽时更为有效，因为它消除了一些分层的开销。

在支持蜂窝基站上缓存代理的 3 项技术中，面临的主要挑战仍然是如何应对处理流动的问题。当移动终端从一个蜂窝基站服务区域移动到另一个蜂窝基站移动区域时，用户与运行在本地蜂窝基站上的应用代理的连接将断开，处理这种断开的情形有几种方法。

1）不支持缓存代理的移动性：缓存应用代理只为固定用户和终端设备提供缓存功能。在许多应用中，例如当无线网络用户用于监控的静态摄像机或传感器都已连接到无线网络时，终端是静止还是流动则无关紧要。类似地，一大部用户在通话期间不会转换蜂窝塔，那么缓存可为这些用户使用。然而，若采用这种方法，当用户跨越蜂窝基站服务区域时可能导致连接中断。

2）保持与原基站之间的密切关系：在前面提到 3 个方法中，从用户发送到新基站的数据包可以直接定向到原基站。一旦用户级 IP 数据包采用移动 IP 技术或简单变种技术来提取，则密切关系可以在 IP 层得以维护。粗略地看，这种方法要求每个基站都能够跟踪移动用户位置进入或移出的位置，并通过隧道将数据包传输到合适位置。

3）将应用代理移动到新的位置：应用代理可以跟随客户在蜂窝基站间移动，有多种技术可支持这种迁移。能够支持用户移动性的同时也支持 TCP 会话状态转移的应用层代理是解决这个问题的一个方法，另外一种解决方法是通过在管理程序上运行虚拟机来实现，虚拟机能够完成在不同物理机器之间的传输。如果每个用户都由自身的虚拟机处理，底层基础设施将与移动用户的虚拟机移动到距离最近的蜂窝基站，应用代理将自动迁移到新的位置。

无论采用什么方法，用户移动性将增加开销，应用层代理的使用最适合那些相对移动较少的用户。移动应用的市场足够大，这使得业界具有类似功能的商用产品如雨后春笋般涌现[34]。

6.7 核心网络整合

尽管带宽是移动回程网络要考虑的一个问题，但在核心网络中，带宽不是很重要的一个问题。另一方面，降低运营成本一直是回程网络和核心网络很重要的一个方面。鉴于回程网络和核心网络功能分层情况，整合的方法可以有效降低回程网络和核心网络的运营成本。

整合方法在回程网络和核心网络中在具有高传输速率的地方运用得较好，换句话说，这种降低成本的措施适用于带宽充足的情况。整合的思路是在中心位置实现网络的大部分功能。从运营成本的角度看，这样的整合一般会更便宜。

图 6.8 显示了回程网络和核心网络的一般结构是如何实现如图 6.1 所示的 3 层结构的。我们假定部分核心网络是由光纤进行相互连接的，为了实现 3 层的解决方案，在如图 6.8 所示的每个位置将有 3 种类型的网络设备。在任何一点都可能会有一些设备来完成蜂窝网络规范定义的角色（例如，3GPP 系统的 RNC），一些设备起到支撑网络的作用（例如，IP 路由器），一些设备完成光交换和传输。不同的地点将通过高速光纤（如图 6.8 所示用粗线表示）连接在一起。每种类型设备的数

量取决于已部署网络元素的特定结构。最左侧和最右侧点的链路表示与其他类型的网络进行连接（例如，蜂窝基站上具备无线网络接口功能的设备或外部网络）。

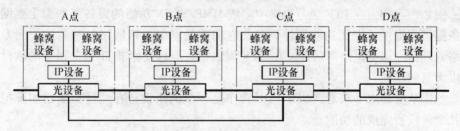

图 6.8　移动回程网络结构和核心站点

由于光纤链路能够为不同站点间提供高带宽、低延迟的通信，因此图 6.8 所示的网络功能可以整合为一个单一的整体，如图 6.9 所示。

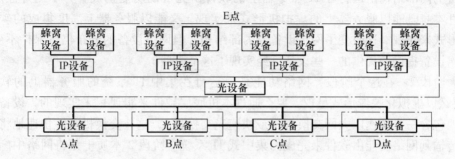

图 6.9　整合后的回程网结构和核心站点

在这个整合的体系结构中，每个分布式站点都可以做得非常小，所有的其他设备可以整合为一个单一的站点。在图 6.9 中，我们看到，整合发生在第五个站点 E。然而，整合也可发生在其中的一个站点，如果是在其中的一个站点的话，那么这个站点规模结构将扩大而其他站点将缩小。将不同的设备集中到一个单一的位置能减少跨越整个网络的设备的总体数量。

根据网络结构的不同性质，通过对不同站点进行整合，可以达到节约成本的目的。然而，在大多数情况下，减少几个站点的复杂性会减少运营成本。

6.8　网络功能虚拟化

网络功能虚拟化（Network Function Virtualization，NFV）是电信业中一些领先的网络运营商提出的一个倡议[35]，他们走到一起，在欧洲电信标准协会成立一个工作组来定义 NFV 的需求，这一工作组于 2013 年元月开始运作，这个工作组关注的焦点是在核心网络中整合的应用。

目前，电信网络是由许多不同的网络设备构成的，每个设备执行专门的功能。

NFV 旨在改变这一模式,创建一个新的网络架构,在这一网络架构中,网络功能由运行在标准 IT 服务器上运行的软件来完成,其本质上为虚拟设备。

例如,目前,在 LTE 规范定义中完成 MME/SGSN 功能的设备可作为主要网络设备提供商提供的特殊功能硬件设备,它们都是基于专用网络处理器的,而专用网络处理器能够提供所需功能。在 NFV 规划中,运行在标准 IT 服务器上的软件可提供大量的功能。

如果从更高水平来看,NFV 可以看作是一个网络设备在经过不断增加虚拟化的几个阶段所完成的功能。

阶段 0:这是目前的阶段,网络功能是由专用硬件和专用部件组成的专用设备来完成的,这些专用设备分布在网络中不同的位置。

阶段 1:在这个阶段,网络的功能是由一个专用的设备来完成的,但这个专用设备的内部结构由运行在 IT 服务器上的软件所完成的功能构成。为了提升性能,软件本身既能以服务器上的虚拟机形式来实现,又能以服务器上高度集成的软件包形式来实现。这改变了网络设备的内部结构,但网络设备的分布仍然保持不变。网络设备提供商提供的一些设备已经实现了这个模型。

阶段 2:在这个阶段,网络功能是由运行在集中 IT 系统的服务器上的软件(要么以虚拟化映像形式呈现,要么通过本机底层硬件来实现)来实现的,设备所在地包含一个快速以太网交换机(或快速光交换机),这些交换机能够快速地将数据传输到网络功能由软件来完成的集中式 IT 系统。阶段 2 本质上是将网络中广泛分布的设备集中到几个地方上来。

阶段 3:在本阶段,不同设备的软件功能是通过云一样的虚拟环境来实现的,在这个环境中网络功能由虚拟设备来实现。同样,IT 云在不同的应用方式中调整其负载,使云基础支持网络功能。

最后阶段中,网络功能由在云服务器上运行的软件实现,将会最大程度地节约成本。达到这一阶段的可能性取决于云计算能力的大小和基础设施整合的成本。受经济规模影响,考虑到计算设备的体积比网络设备更大,计算成本比网络设备的成本下降更快。

除了减少成本,由于它可以通过在一个云内改变软件而不是在不同位置部署设备来创建网络,因此,面向云网络的实现提供了能够快速创建新网络的能力。一般来说,创建一个集中应用比创建一个分布式的应用更加容易。由于成本以及灵活性带来的好处,这本书出版 10 年后,蜂窝核心网络基础设施很可能由以这种方式整合的网络能力构成,这种能力通过利用 NFV 技术来提供。

6.9　配套基础设施的成本降低

上述内容考虑的都是如何降低核心网络和回程网络中数据传输基础设施的成

本费用的方法。除了数据传输基础设施，在大多数运营的核心网络中还有配套的基础设施，配套设施包括：部署在网络中具有网络管理功能的工具如网络监控、性能管理、安全功能、计费和收费基础设施，以及原因分析及故障排除的工具等，这些功能大部分都是通过检查流经网络数据包的内容进行完成的。随着网络中移动数据量的增长，配套基础设施的成本也会增加，尽管配套基础设施通常比数据传输基础设施的成本要低，但降低配套基础设施的成本也是非常有益的。

可以通过在基础设施内增加自动化处理手段的方法来降低配套基础设施的成本，在配套基础设备的成本中有很大一部分是人工成本，网络性能问题或网络故障需要由网络管理人员来检测和诊断。随着数据量的增长，这样的问题往往会增加，需要更多的自动化。通过技术手段将尽可能多的人工操作进行自动化有助于降低运营成本。一个自动化的系统，它可以使用一组预定义的规则或逻辑，以执行最常见的和重复的网络管理功能，可以大大降低网络运营成本。

在核心网络中另一个较为昂贵的配套基础设施是顾客服务台，随着移动数据的爆炸性增长，网络中将增添新的移动服务业务，用户打到客户服务台的电话将持续增加，这也将增加经营成本。为客户提供自助能力，例如使用基于 Web 的门户网站为用户提供有关费用的基本操作功能，可以大大减轻数据量扩张的需要。同样，为客户提供论坛使客户有效解决彼此的问题也能够显著降低配套基础设施的成本。

第7章 面向消费者的数据商业化服务

移动网络运营商（Mobile Network Operator，MNO）需要面对3个重大挑战：如何使用现有已经日渐拥挤的网络获得尽可能大的带宽；如何降低数据增长带来的运营成本；如何从网络数据流量中获得更大的经济效益。其中，前两个挑战已经在之前的4章内容中得到了解决。本章，我们将讨论网络运营商可以使用的基于网络数据流量获得经济效益的各种技术，换句话说也就是数据流量商业化。

一般来说，移动网络运营商可以通过为第2章介绍的移动数据生态系统中愿意为其数据需求额外付费的其他成员提供服务，来实现其网络中数据流量的商业化。移动网络运营商能够从中获得经济效益的两个主要的生态群体是移动网络运营商的用户和应用服务提供商。移动网络运营商的用户可以分为两类：个人用户和企业用户。移动网络运营商可以为这两类用户提供基于数据联网的额外服务，从而获得额外的收入。同样，移动网络运营商也可以向其他的应用服务提供商提供这种额外的服务，获取效益。

在本章中，我们将讨论移动网络运营商可以为其消费者提供的一些服务，这些消费者也就是从移动网络运营商购买了数据套餐的用户。这些面向移动数据的服务对其消费者具有足够的吸引力，以至于让他们愿意向移动网络运营商支付额外的费用来获得这些服务。

在电信术语中，这些服务一般被归类为增值服务。然而，本章介绍的增值服务与移动网络运营商提供的传统增值服务之间存在显著的差异。在本章中，网络运营商提供的增值服务来源于移动网络中数据流的内容和特点，相反，传统增值服务所关注的服务主要围绕着移动电话呼叫、基于短消息（Short Message Service，SMS）的文字服务，以及其他相关的服务改进。

这些面向数据的新业务被提供给移动网络运营商消费者的方式与传统的增值服务的提供方式相类似。这些新服务可以免费提供，作为一种特殊的服务用于留住客户；也可以使用付费模式提供，客户需要为该服务支付费用；也可以使用一种免费增值的方式提供，也就是，服务免费提供，但服务相关的更新与定制需要客户另行付费。

移动网络运营商和应用服务提供商之间的关系属于合作与竞争的关系。在很多情况下，移动网络运营商提供给用户的服务也可以由应用服务提供商来提供。移动网络运营商把这些服务称之为OTT（Over The Top，上层）服务。根据服务的性质不同，移动网络运营商与OTT服务提供商在提供这类服务时都拥有自己的优势位置。在提供的此类服务中，移动网络运营商的属性或特点为它所带来的优势是它所独有的差异性。在介绍这些新的服务之前，我们先来讨论一下移动网络运营商群体与 OTT 提供商群体之间的这种差异性。

7.1　移动网络运营商面向消费者服务的差异

面向消费者服务差异是一种属性，即在相同的服务中，移动网络运营商可以为它的消费者提供其他运营商所不具有的服务。在移动网络运营商向消费者提供服务的过程中，这些服务差异的特性会让消费者选择从移动网络运营商那里去获得服务，而不转向其他的服务提供商。

移动网络运营商具有的差异之一是它与消费者之间已有的关系。这种已有的关系包括账单和信任等方面。对于已经收到来自移动网络运营商账单的消费者来说，如果这些服务被放在一起进行收费，那么消费者在购买其他移动网络运营商提供的服务时，就会更加地方便。从这种支付关系中可见，消费者已经与移动网络运营商建立了一种彼此信任的关系。消费者需要在一定的程度上相信移动网络运营商提供的服务能够满足一些最低限度的服务质量，相信他们的业务能够被安全地处理，以及相信移动网络运营商不会滥用其消费者的信息。

这种已有的关系为移动网络运营商提供了一种优势，有助于它们向消费者提供服务。在随后的内容中，我们将列出移动网络运营商能够为其用户提供的其中一些服务。

7.2　单点登录服务

在访问互联网上的服务时，一件令人厌烦的事情是需要记住很多不同的访问网站的登录密码。几乎每一个用户访问的网站，都需要通过用户账号和密码进行用户身份认证，而且其中很多网站还拥有不同的密码创建与保持的规则。其中一些网站要求用户混合使用大小写字母作为密码，另外的一些网站则要求用户必须使用数字作为密码，而且还有一些网站要求用户使用字母与数字之外的字符，像 & 或 ! 等，作为密码的一部分。各个网站的安全策略不同，有些网站要求密码需要定期修改，还有一些网站则要求用户每隔几个月至少登录一次网站，以防止用户账号失效。通常，维护各个网站上使用的密码是一件令人头疼且麻烦的事情。如果人们可以使用单一的账号和密码登录互联网上的各种网站，那么对很多用户来说这将是非常便捷的。这将为所有的用户提供一种单一的登录各种网站的方式。

目前这一问题已经相当突出，为此人们已经提出了多种用来解决单点登录问题的方案和方法。一般来说，主要有两种提供单点登录的方法，一种是基于信任证书提供者的实现方法，另一种是基于信任代理的实现方法。

基于信任证书提供者实现单点登录的一般系统布局如图 7.1 所示。在这一方案中，存在3种类型的实体：用户、证书提供者和一个或多个资源提供商。需要注意的是，结合本书讨论的内容，我们将图中展示的用户限定为移动设备用户。然而，大多数的单点登录方案被设计用于更加广泛的应用范围，其中的用户可以是各种类型的设备，例如，通过非蜂窝通信网络连接到互联网的便携式计算机或台式计算机。用户使用来自单点证书提供者的证书访问资源提供商提供的服务，从而取代在每个资源提供商上使用不同的证书。该证书由证书提供者负责颁发，并被用于访问每一个资源提供商的信息。

图 7.1　基于互联网的证书提供者

图 7.2 展示了用户在获取资源提供商提供的资源过程中可能使用的认证与访问步骤的顺序。这些步骤假设用户已经从证书提供者得到了正确的证书。在该过程中的第一步，用户向资源提供商请求资源。第二步，提供商要求用户提供他们的证书。用户使用之前证书提供者提供的证书予以回应。在下一步中，资源提供商将该信息发送给证书提供者以便对该证书进行验证。当该证书被验证有效时，资源提供商提供被访问的资源。

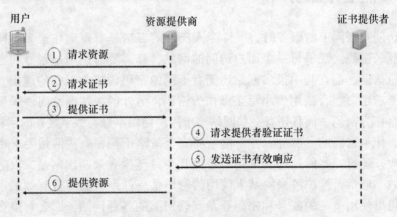

图 7.2　认证与访问步骤

当用户并不信任该资源提供商时，可以对上述步骤顺序进行一定的修改，从而得到另一种步骤顺序，如图 7.3 所示。在该顺序中，用户没有直接向资源提供商提供证书。反而，资源提供商指引用户从证书提供者获取一个授权令牌。用户从证书提供者那里得到授权令牌，用于授权验证，但该授权令牌用于验证的次数是有限的。授权令牌被提供给资源提供商，由资源提供商通过证书提供者对其进行验证。在该顺序中，原始证书不会被泄露给资源提供商。此外，顺序中的其他变化还体现在，授权令牌的获取出现在首次资源请求之前。

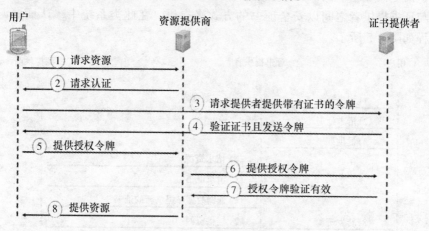

图 7.3 另一种认证与访问步骤

目前已经有多种实现可以支持基于信任证书提供者方法进行认证的方案。互联网上使用的 Kerberos 系统[36] 和流行的 OpenID[37] 方案就是基于证书提供者系统实现的例子。一些公司在互联网上作为基于 OpenID 证书的证书提供者。流行的社交网站或电子邮件网站在互联网上可以充当很好的证书提供者。假设一个社交网站 SN 在互联网上充当 OpenID 的证书提供者。基于这一方案，上网用户就可以使用他们在 SN 网站上的登录状态访问证书提供者之外的站点的服务，例如，一个新闻网站 NW。NW 不需要拥有自己独立的证书管理系统，而只需要依靠 SN 的证书。在移动网络运营商的术语中，证书提供者 SN 提供了一种用于单点登录的 OTT 解决方案。

在基于代理的系统中，证书提供者是位于客户端与资源提供商之间的数据流中间件。该中间件与资源提供商之间的相对位置如图 7.4 所示。中间件需要被放置在网络中间，以便用户与资源提供商之间的数据流能够始终通过该中间件。

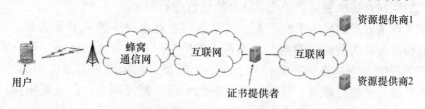

图 7.4 MNO 作为证书提供者

为了提供单点登录功能，证书提供者需要拦截客户端发送给资源提供商的请求数据流，并对用户的证书进行验证，然后将送往资源提供商的证书包含在发送给该提供商的请求中。证书提供者在转发用户给资源提供商的请求时，可以使用与其提供给该用户的证书不同的一组证书。证书提供商还可以为系统中不同的资源提供商存储一组不同的证书，这可以从一个数据库中提取，并且其访问通过客户端与证书提供者之间以安全证书的方式来提供。在此类系统中，认证资源访问的流程如图 7.5 所示。

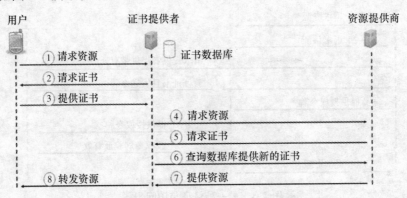

图 7.5　使用 MNO 作为证书提供者的认证与访问步骤

使用标准的 HTTP（超文本传输协议）时，基于代理的单点登录系统更加易于实现，这是因为人们可以很容易地将证书插入到 HTTP 的请求流内。当使用加密协议时，如 HTTPS，需要重新写 URL，以便它们能够建立一个从用户到中间件的 HTTPS 会话和一个单独的从中间件到资源提供商的 HTTPS 会话。这种处理，以及插入证书的操作，需要用户高度信任中间件提供的服务。

尽管 OpenID 已经被很多互联网上的站点所采用，但是单点登录仍然是互联网用户所需面对的一个问题。为了使一个网站（例如，SN）提供的证书能够在另一个网站上（例如，NW）被使用，需要在 SN 与 NW 之间制定一种明确的协议约定。一般来说，资源提供商需要同意接受认证提供商提供的证书。互联网上所有的网站不可能都接受 SN 的证书，尤其是与 SN 保持竞争关系的公司拥有的网站，即便在互联网上 SN 已经拥有庞大的用户群体。使用单点认证的能力仅限于那些同意接收证书的网站和那些制定接受此类认证协议约定的网站。

OTT 解决方案的另一个问题是，在互联网上存在很多的证书提供者。在互联网上有很多流行的网站运营商，它们都只提供它们自己的证书体系。用户需要在这些证书提供者中选择出一家使用。在一个月里，如果用户需要使用购物网站、电子邮件账号、银行账号、学校与教育资源账号、新闻网站，以及娱乐网站等一般用户经常访问的网站，那么需要验证用户身份的网站的数量很容易就会达到上百个。如果用户需要相当频繁地访问 100 个网站，那么该用户就需要记住并使用 6 套证书在访问这些网站时对自己的身份进行验证。相比于记住 100 套证书来说，记住 6 套证书对于用户来说更加容易一些，但它仍然没有使用单一的一套证书更具有吸引力。

在利用基于信任的 OTT 证书提供者时，另一个问题是需要使用一套复杂的交互过程，以便资源提供商能够使用认证提供者的证书。一般产生在浏览器与 SN 之间的这组网络交互过程与产生在浏览器与 NW 之间的网络交互过程，两者之间是完全独立的。要想将这些交互过程联系起来，需要综合使用一些方法，比如，跨站脚本、在一个网站中嵌入链接到另一个网站的链接地址，以及在浏览器中存储特定的 Cookies 等方法。当用户出于安全考虑去除了存储的浏览器 Cookies 或去除了一些功能，比如跨站脚本等，那么其中的一些方法可能无法使用。此外，这些复杂的交互过程也可能会带来安全漏洞[38]，尽管它们可以在认证提供者和资源提供商方面通过恰当且细致的实现过程在很大程度上得以解决。

在 OTT 服务中使用安全证书需要面对的另一个主要的问题来自于信任方面。假设一个网站（比如 SN）提供的证书被用来登录用户频繁使用的 100 个其他网站中的一个。虽然用户使用 SN 保持与朋友圈的联系，但他/她可能并不希望所有网络浏览历史都被 SN 访问。可能这种不信任是有根据的，因为用户可能不认同证书提供者（比如 SN）的隐私政策；或者这种不信任并没有什么根据，它可能只是出于用户基于一些传言、情绪或其他非理性的逻辑所做出的决定。但不管出于何种原因使用户不希望证书提供者了解网络访问历史，当一个网站能够了解用户所有基于 Web 活动时，一些用户可能会感到不舒服。

由于这些问题普遍存在且涉及安全性和信任关系，因此移动网络运营商在为其用户提供单点登录服务时，将具备自己独有的地位优势。对移动网络运营商，所有来自其移动用户的网络交换都需要通过他们的网络，这使他们可以自然地拦截移动用户的请求。因此，这种得天独厚的条件使移动网络运营商可以很容易地向其用户提供基于中间件机制的单点登录服务。

移动网络运营商提供的单点登录服务来源于它已经得到了用户的信任。用户希望移动网络运营商传送移动用户与任意互联网上的服务器之间交互的分组。移动网络运营商已经得到了其用户所有的网络浏览模式，因此在管理证书存储时不需要提供任何额外更多的信息。

有一些额外的信息，当移动网络运营商向用户提供之前没有的增值服务时，需要从它的用户那里得到。这需要获得并管理各种用户在各种网站上的证书。用户必须信任移动网络运营商，对其所有的密码以一种安全且高效的方式进行管理。对于移动网络运营商来说，提供此类增值服务的主要风险在于提供这种信任且安全存储的可靠性。其中一些风险可以通过对安全存储的内容进行加密并将加密后的内容分割成多个部分，分别存储在不同的服务器上来降低。即使一个服务器的安全性遭到破坏，例如，某个不满的员工将该服务器上的内容泄露到公共互联网上，没有其他所有服务器上的内容，这些信息也不会被解密，从而减少敏感信息泄露的风险。

如果移动网络运营商以浏览器协议代理的方式提供这种登录机制，例如，为所有基于 Web 访问的应用充当 Web 代理，那么这种移动网络运营商登录系统将支持所有的网站，而不需要在运营商与网站拥有者之间产生任何的协议。因此，移动网络运营商提供的单点登录服务要比用户使用其他的 OTT 方案来说，将具有更好的无缝体验。

7.3　隐私服务

移动互联网上的一些用户会担心他们的隐私和匿名身份被泄漏。他们不希望他们访问的网站通过浏览器的 Cookies 或通过记录他们 IP 地址的方法跟踪他们的请求。希望匿名与隐私保护的原因，每个人之间都不一样。有人可能希望这样，因为他们是专制政权下的不同政见者。其他人希望这样做，是为了避免被访问的网站当成交叉出售商品的潜在目标用户。还有人希望得到隐私保护是出于一种个人的习惯喜好。但不论渴望隐私保护的原因是否正确合理，可以肯定的是一部分人希望得到匿名身份与隐私保护。

目前在互联网上用于实现隐私保护的最新技术是使用洋葱路由[39]技术，该技术的基本概念如图 7.6 所示。

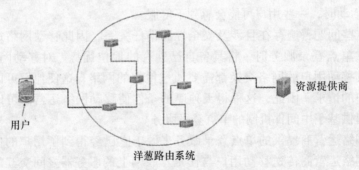

图 7.6　洋葱路由体系结构

希望保持匿名身份的用户不是被直接地连接到互联网上，而是通过一组中间件连接到互联网上。用户请求会在这些中间件中被随机传递，最终将通过一个中间件连接到所需的网站。该网站只知道直接与之连接的中间件的身份，并不知道最初客户端的身份。因此，最初客户端的身份得到了保护。

此外，为了不对任何一个中间件的安全特性产生依赖，客户端将使用一系列的加密方案，在这组中间件上路由分组。它会在这些不同的中间件上随机选择一个路由，然后在即将被转发的内容上进行多次加密，每一级加密都会包含一组指令，指定分组被转发到的中间件。最后一级加密将指出消息被转发到的目标网站。

我们先来考虑一个场景，客户端 C 想要访问互联网上的站点 S，它使用从中间件 1~4 的路径实现对站点 S 的访问，如图 7.7 所示。客户端 C 想要将信息（即图中的 Data）发送给站点 S，但是又想对站点 S 隐藏自己的身份。因此，客户端 C 创建了一个分组，该分组对信息 Data 进行了加密，使得只有中间件 4 才能解密并提取发送给它的信息 Data。一种实现的方法是通过公共密钥加密，例如，使用中间件 4 的公钥对信息 Data 的内容进行加密。从图 7.7 中可以看到，信息 Data 的前面有一个标号为 4 的锁定标记。然后，为它添加方向字段，设定下一跳的方向为 4 并对信息进行加密，这次加密使得只有中间件 3 才能对信息进行解密，我们在图中将它表示为标号为 3 的锁定标记。然后再将指定下一跳方向为 3 的指令添加到分组上并对其进行加密，使得只有中间件 2 才可解密。同样，在分组上添加下一跳方向为 2 的指令并加密，以便只有中间件 1 才能解密。经过上述处理过程，得到的分组结构如图所示。分组发出后，每一个中间件将解密接收分组的内容，用以确定下一跳的方向并转发数据。在每一跳中，每个中间件都会将上一个中间件的身份存储下来，以便在不知道最初发送者身份的前提下，能够以逐跳的方式将信息转发回来。在互联网上，有一些服务可以支持洋葱路由技术，其中最为流行的是 Tor 项目[39]提供的服务。

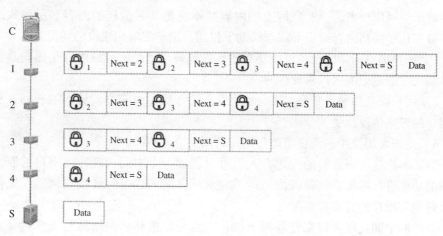

图 7.7　洋葱路由分组首部

当在网上冲浪时，洋葱路由技术可以隐藏网站浏览者的身份。但是，网站浏览者连接的第一个中间件会获知网站浏览者的身份。最起码，网站浏览者的 IP 地址会被第一个中间件获知。同样，发送到网站的信息和网站的身份也会被最后一个中间件所获知。因此，匿名功能需要网站浏览者或网站方面对提供洋葱路由的这组代理服务器给予一定程度的信任。洋葱路由模式的另一个问题是，一系列对传输路由的加密显著地增加了通信的延时并降低了通信的效率。

移动网络运营商需要知道用户的 IP 地址，将 IP 地址提供给运营商不会泄漏任何运营商没有获得的信息。如果移动网络运营商提供匿名或隐私服务，那么与互联网上的提供同样服务的其他未知提供商相比，移动网络运营商拥有一定的优势。因为，它已经与用户建立了一种信任的关系，而这正是其他 OTT 服务提供商所缺少的。而且，移动网络运营商还能够以一种更加高效的方式提供这种匿名服务。

这种信任关系行不通的唯一一种情况是，用户试图对地方政府或监管机构隐藏自己的身份。几乎在所有的行政辖区内，当收到来自政府或监管机构的请求时，根据现行的法规，移动网络运营商都需要向其提供所有相关的信息。因此，如果想对政府机构使用匿名服务隐藏自己的身份，那么对于这种服务需求来说，移动网络运营商将不是最佳的服务提供商。

对于其他大部分的用户群体来说，希望使用匿名或隐私服务防止其他网站跟踪他们的行为，从这个角度的需求上来看，移动网络运营商提供的匿名服务将具有更好的用户吸引力。

7.4　内容定制服务

对于上网用户来说，互联网上的内容并不总是具有最佳的内容显示形式。下面列举了几种网站内容组织形式与移动手机用户浏览需求相错位的情况。

1）用户浏览网站的设备可能具有较小的屏幕尺寸，而网站内容是面向具有较大屏幕尺寸的笔记本用户来设计的。

2）用户设备的移动带宽有限，而网站包含了大量具有高清编码的视频，从而使用户的带宽难以承受。

3）用户希望使用的语言可能与网站所用的语言不同。

为了解决这些不兼容的问题，人们可以设置一个中间代理，将用户的能力与网站的功能进行匹配。这种匹配可能需要对网站的内容进行转换或调整，以便它能更好地与用户的需求相匹配。

这样的中间代理可以在互联网上提供，也可以由移动网络运营商来提供。如果一个公司想要在互联网上提供这种服务，它需要解决如何将用户发送到网站的请求路由到公司服务器上。让我们来看一下互联网上提供此类功能的服务器在实现该功能的过程中需要用到的哪些步骤。为便于说明，我们将这种服务假设成一个翻译服务，即将所有的页面内容从最初的语言翻译成韩语表示的内容，从而便于更愿意使用韩语的用户浏览。为了让使用韩语的用户在浏览网页时具有更好的用户体验，用户需要确保韩语翻译页面始终存在于用户与被翻译网页之间的通信线路上。下面列举了韩语翻译网站用来实现上述效果的一些可选做法：

1）指导用户配置他们的浏览器，将韩语翻译网站设置成所有通信的下一跳代理。

2）提供能够将所有内容翻译成韩语的专用的浏览器或浏览器插件。

3）指导用户通过韩语翻译网站访问其他的网站，为用户提供输入网址的位置。并且，重写所有访问页面中嵌入的链接地址，以便后续网站访问始终能够通过该翻译网站。

在上述三种选择中，每一种选择都有自己的缺点。用户并不总是愿意更改他们的代理配置。而且，当用户想要访问两种内容转换服务时，一种负责处理韩语翻译，另一种负责将内容转换成适合在较小尺寸屏幕上显示，由于浏览器只能被配置成运行其中的一个服务，因此这种情况是很难进行管理的。提供一种专用版本的浏览器或定制化的浏览器插件，需要对不同用户可能使用的各种类型的浏览器或浏览器版本给予支持。而定制不同的页面内容，以改变他们的链接，也是一个复杂的过程。如果网页使用的都是简单的链接，这将很容易完成。然而，由于一些网站使用复杂的脚本确定需要下载的网页或链接，因此确保所有的链接都能被正确地重写或改写，则需要对包含在脚本中的内容进行复杂的分析。其中，这些脚本本身可能使用各种语言编写，例如，JavaScript[TM]、VBScript，或者其他由浏览器插件或扩展程序调用的一些不是特别流行的语言。虽然这些问题没有一个是无法解决的，但他们确实增加了网站对内容进行定制的难度。

相反，移动网络运营商在为其用户提供此类定制服务时具有天然的优势。用户的请求与响应会自然地通过移动网络运营商的网络，从而便于运营商在网络中引入基于各种通信协议的透明代理。作为一个透明代理，移动网络运营商可以很容易地回退到所有通过请求-响应模式流经内容的 HTTP 属性，从而根据每个请求提供各种定制服务。

几乎在所有基于中间件或基于代理的定制服务情况中，与提供同等定制业务的其他类型的服务相比，移动网络运营商都将具有强大的后备支持优势。

7.5　基于位置的服务

移动网络运营商具有在其网络上不同用户的位置信息，使用这些信息可以为用户提供一些服务，使其能够从中受益。

基于位置的服务是一种基于用户的位置为用户提供的服务，该服务通常使用用户当前的位置信息，但也会使用用户过去的位置信息。在一般的情况下，有关位置的信息可以被用来创建面向个人消费者的服务，也可以被用来创建面向企业或商业客户的服务。在本章中，我们将关注提供给消费者的服务。下一章将讨论提供给企业或商业客户的服务。

下面列举了一些提供给消费者的基于位置的服务。需要注意的是，在这些服务中，并不是所有的服务都能够为移动网络运营商提供较好的数据商业化机会。

1）提供有关最近的设施信息，例如，餐厅、停车场、银行或 ATM 机的位置。

2）提供有关可能到达某个地址或目的地的路线。

3）提供所在区域内有关各种潜在危险的警报。

4）提供可能出现在同一街区内的朋友或同事的信息。

5）为用户提供丢失手机的当前位置信息。

6）让家长随时了解孩子的当前位置。

从基于位置的。服务提供方式的角度来看，这些服务可以被分为两类：推送式（Push）服务和拉取式（Pull）服务。一个基于位置的服务如果能够被提供其位置信息的用户或用户移动电话上的软件显式地请求，那么该服务就属于拉取式服务。比如一个服务，可以让用户用来查询 1/4mile⊖半径内的餐馆位置，那么这样的服务就属于拉取式服务。推送式服务是指信息被主动发送给用户，而无须用户以显式的方式进行请求。例如，对用户当前所处位置周围可能存在的危险给予通知的服务，就属于推送式服务。基于推送式的位置服务可以用 SMS 或 MMS（Multimedia Messaging Service，多媒体消息服务）的方式将消息交付到用户的手机，或者也可以用智能手机上可视的/有声的通知弹出窗口提供消息。用户可以提前预先注册想要接收的特定类型的推送通知内容，系统可在适当时机向用户提供其注册订阅的信息。

基于位置的服务可以由移动网络运营商提供，也可以由其他在互联网上运行的服务提供商来提供。移动网络运营商可以访问所有它的用户的位置信息。然而，由于现在的智能手机具有 GPS 功能，因此基于互联网的服务提供商也能得到访问其服务的用户的位置信息。与这些服务提供商相比，移动网络运营商具有一些自己的优势。它可以确定用户的位置，即便在用户没有使用智能手机时，这种情况在一些发展中的国家是真实存在的。在当前技术的情况下，在智能手机上开启 GPS 功能会对电池的性能带来很大的影响。相反，移动网络运营商可以基于蜂窝基站的信息计算移动设备的位置，而不需要在移动电话上进行任何计算。而且，除了少数几个特别大的基于互联网的服务提供商，移动网络运营商可以得到更多用户的位置信息。为了可以向消费者提供更具吸引力的服务，移动网络运营商需要将关注点放在那些能够充分利用其优势的基于位置的服务上面。

这样的一种能够充分利用移动网络运营商优势的基于位置的服务是应急通知服务。如果碰巧用户所在的区域内存在危险，例如，一个被击倒的电线或恶劣天气可能带来的威胁，那么获得相关的危险通知信息对于用户来说是非常有用的，便于用户能够及时采取适当的避险行动。提供这样的服务需要一直监测用户的位置，判断用户是否正处于需要应急通知的环境，从而向用户发送相应的通知信息，例如，一个 SMS 文本消息或其他类型的警报。移动网络运营商还拥有一个自己特有的优势是，无论用户使用哪种类型的电话，它都能够得到用户的位置信息。为

⊖　1mile = 1609.344m。

了保持与网络的连接，每一部移动电话都需要连接到区域内至少一个蜂窝基站上。在很多蜂窝通信网络协议中，移动电话会被连接到多个蜂窝基站上，即使其中只有一个蜂窝基站作为主要的通信线路。因此，移动网络可以收集到它的网络信息，从而确定移动电话的位置，而不会在移动电话上强加任何处理开销。

相反，OTT 提供商确定位置需要在移动电话上运行某种软件。这种软件需要监测移动电话的当前位置，并将其上报到互联网上的服务器，然后再由服务器为它提供相关的各种建议信息。对于应急通知应用来说，可能只在很少的情况下才用得到，但是它需要始终向服务器上报移动设备的位置信息，这会产生大量的开销和不必要的通信，从而严重影响手机电池的使用时间。而且，如果用户使用移动运营商的数据资费套餐只能提供有限的发送数据量或按发送的字节收费，那么这样的通信将会为手机用户带来一定的使用成本。虽然移动网络运营商在为用户提供自己的服务时也需要产生数据传输，但它可以免除此类数据通信的费用。

由于这些因素，对于用户来说，移动网络运营商提供的应急通知服务可能更具有吸引力。

这些应急通信需要被推送给用户，这意味着网络（可以是移动网络运营商的网络，也可以是互联网）上的服务需要主动向移动电话用户发送信息。这与面向拉取式的位置服务相反，在面向拉取式的服务中，用户需要从服务主动请求信息，然后再由服务器将信息提供给用户作为输入。一个基于拉取式的服务的例子是，用户请求查找当前所在区域附近的餐厅信息。在面向拉取式的位置服务中，移动网络运营商相比于 OTT 服务提供商没有太多的技术优势。它只能利用自己所特有的非技术的商业优势，也就是，为自己服务提供的数据通信是免费的。这种优势的相对重要性取决于提供此类服务需要交换的数据量。在很多服务中，这种交换数据量可能不是太高，这会削弱移动网络运营商具有的这种优势。

相反，在提供推送式的位置服务时，即通知被主动地从服务器发送到消费者的服务，移动网络运营商则拥有一些实质性的优势，应急通知服务就属于这种服务。其他与基于推送式服务有关的例子列举如下：

1）附近设施信息通知：当用户在开车时，他可以告诉特定的服务他希望找一个停车场。服务就会将用户经过区域附近的所有停车场信息通知给用户。

2）交通拥堵情况通知：用户可以被通知其出行线路沿线的交通拥堵情况，或者用户当前位置附近一般区域的交通情况。这将帮助用户避免区域内的交通拥堵，并且为用户提供更加本地化的交通拥堵信息，而不只是提供一般地区的拥堵信息。

3）区域内朋友或家人情况通知：服务可以追踪并通知用户，在附近一定范围的区域内碰巧也存在的其他用户信息，这些用户在服务内被设定为同该用户具有朋友关系。在提供此类服务时，应当充分考虑到隐私问题。

4）附近特定事件通知：一种服务可以跟踪用户的位置，并为其提供附近区域内有关各种特定事件的信息。例如，区域内的政治集会或游行，或者附近街道的封闭安排。这样的通知有助于用户及时处理事件对自己的影响或根据自己的喜好决定是否参与特定的事件。

此外，还有很多基于推送式的位置服务，通常它们来自服务提供商的各种创新理念，付诸实现而得到的成果。

7.6　手机交易

在一些诸如非洲和亚洲的地区内，出乎人们的意料，移动电话的普及被用于银行小额带宽或小微金融，从而导致如 M-PESA[40] 等服务的产生。这种服务（M 代表移动，PESA 在斯瓦希里语中代表金钱）由移动网络运营商提供，允许用户使用移动电话存钱、取钱、转账，以及购买电话通话时长。在一些地区，这种服务还可以与银行账号进行绑定。

移动网络运营商能够使用它与消费者的关系为它的用户提供交易类的服务。对于此类与理财相关的活动，不同的国家有不同的法规对其进行监管和约束。但是，在多数的国家中，移动网络运营商在相关法规允许的范围内，可以使用手机通话时长和手机上网数据流量作为商品，供不同用户之间进行交易。

这需要移动网络运营商为用户提供相关服务，将通话时长在不同用户的账户之间进行转移。很多移动网络运营商允许个人账户的手机资费套餐可以在家庭成员之间共享。此外，它们还允许用户在和他没有任何关系的手机账户之间转移手机通话时长，而在这个过程中，移动网络运营商会收取少量的业务佣金。

移动网络运营商可以提供有关移动钱包概念的应用。它就像一个预付费的账户，用户可以通过参与的商户和零售商为账户充值。移动钱包的概念把移动网络运营商带入了银行业务的范围，因此在提供此类服务时，必须要考虑到不同司法管辖区域内的相关监管法规。

移动交易服务可以使用新技术，也可以不使用新技术，比如，NFC（Near Field Communication，近场通信）技术。NFC 技术可以让用户在终端支付时，使用更安全的手机用户认证方法。不过，由于不同国家的业务风险和监管环境不同，NFC 可能会给移动交易带来显著的优势，也可能不会。

7.7　其他服务

前面几节列举了移动网络运营商能够为消费者提供的一些服务。不过，移动网络运营商还可以提供各种应用服务提供商为消费者提供的服务。应用服务提供商的服务包括搜索服务、社交网络服务，以及其他各种用户感兴趣的服务。应用服务提供商的所有服务都需要在移动网络运营商的服务网络中提供，提供这些服务的决策需要以移动网络运营商制定的商业案例为基础。

移动网络运营商提供的广告服务通常被认为是存在一些争议的数据商业化服务。运营商能够在用户的移动设备上产生并显示广告。它可以用文本消息的形式推送广告，也可以通过设备上运行的应用软件以弹出窗口消息的形式向用户推送广告。向用户发送广告确实会产生收益，但也会让用户产生反感，造成不利的影响，导致用户转而使用其他不产生或产生较少广告的运营商。

多年来，应用服务提供商已经为消费者提供了很多其他具有创新性的服务，而所有的这些服务都可以由移动网络运营商来为它的个人用户提供。

第8章 面向企业的数据商业化服务

本章我们主要关注移动网络运营商面向企业提供的数据商业化服务。在第2章介绍的生态系统中，企业是一个拥有很多个人成员的组织，并且这些个人成员都能通过移动网络运营商获得数据服务。这样的企业可以是一个经营公司。例如，银行或汽车代理商。也可能是一级地方政府（例如，政府职员或警察局）或国家政府机关，甚至一些非营利的组织。企业通常有自己的IT设施，包含主要的数据中心和面向员工的服务。企业可以与移动网络运营商达成集团协议，为其员工提供专用的套餐和资费协议。

本章先是总体介绍了企业网络接入模型和移动网络运营商向企业提供服务的方法。以及研究了彼此竞争的应用服务提供商在提供相同服务时采用的竞争方法。然后，根据一些提供给企业的服务简介，讨论了移动网络运营商与应用服务提供商之间的区别。

8.1 移动网络运营商面向企业服务模型

在移动网络运营商向它的企业客户提供数据商业化服务的讨论中，我们假设这些企业员工使用图8.1描述的抽象网络模型获得这些服务。

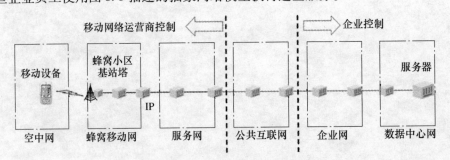

图 8.1　企业接入网络模型

图中最左边所示的是企业员工使用和操作的移动设备。假设移动设备要将数据发送给位于企业内部的服务器。移动设备首先将数据发送到蜂窝基站上的通信设备上，再从这一位置上，蜂窝网络设施将这一数据传送至移动网络运营商的服务网中，在服务网中，这些数据分组可能需要经过运营商提供的中间功能进行相应的处理，然后再发送到公共互联网上。从公共互联网上，分组进入到企业网络内部。在企业网络中，这些分组会被传入到一个托管目标服务器的数据中心上。

相反，来自企业服务器的数据分组通过相同的路径以相反的方向，被发送给移动设备。

从蜂窝基站到服务网的这部分网络由移动网络运营商控制。而从企业数据中心到企业网的这部分网络则是由企业控制的。

尽管图 8.1 描述的路径呈现的似乎是线性的拓扑结构，但实际上这些网络并不完全是线性的。在大多数的网络中，蜂窝网络则往往呈现的是一种树状结构，即约数以十万计的蜂窝基站按照树形结构，通过几个设备接入到服务网中。这种服务网可以被看作具有线性拓扑结构，尽管对于较大的运营商来说，这种服务网本身往往可能是一种相当复杂的 IP 网络。互联网本身是由许多独立的大型网络集群组成的。移动网络运营商只通过几个点连接到互联网，尽管移动设备到网络的路径可能只经过相同的内部连接点。同样，在企业网络内部可能拥有多个数据中心，并且企业也只在几个不同的点上被连接到互联网上。具体的网络结构与分布如图 8.2 所示。

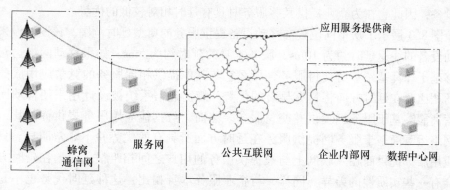

图 8.2　移动接入网络结构

移动网络运营商可通过服务网向企业提供服务，或者也可通过蜂窝通信网本身向企业提供服务。需要注意的是，为企业提供这些服务的可以是应用服务提供商，也可以是基于互联网的云服务提供商。对于这种情况，服务所在的位置如图 8.2 所示。从移动设备到数据中心服务器的数据分组通常需要流经移动网络运营商提供的服务的所在区域，而不必流经应用服务提供商的所在区域，除非使用特殊的步骤确保实现此类分组流动路径。

8.2　移动网络运营商面向企业服务的差异

面向企业服务差异是一种属性，即在相同的服务中，移动网络运营商可以为它的消费者提供其他运营商所不具有的服务。在移动网络运营商向企业提供服务的过程中，这些服务差异的特性会让企业选择从移动网络运营商那里去获得服务，而不转向其他服务提供商。

　　要想了解移动网络运营商提供的企业服务与其他提供商的服务之间的差异，可以考察移动设备与网络中不同部分之间通信的一般往返延时。在无线传输（空中接口）中，这种延时（往返延时）通常少于10ms，并且在蜂窝基站设备中，处理各种功能所产生的延时也将少于10ms。蜂窝基站设备与无线网络控制器（Radio Network Controller，RNC）之间的通信，根据网络配置，一般需要10~20ms的往返延时。所以，在3G蜂窝通信网络中，视具体网络配置而定[41]，总的延时在50~100ms之间。在互联网中，取决于传输距离，延时一般介于10~100ms之间。在企业网中，这种延时根据具体的网络大小和复杂程度，一般为10~20ms。

　　移动网络运营商可以从它的服务网内为企业提供服务，也可以从蜂窝通信网内向企业提供服务。例如，从蜂窝基站或从网络深处的某个区域。在所有提供的服务中，移动网络运营商都需要和应用服务提供商进行竞争，后者基于互联网为企业提供相同的服务。不过，由于移动网络运营商在网络布局上更接近用户的移动设备，因此它在为企业提供某些服务时具有延时相对较低的优势。

　　图8.3展示了从不同位置向移动设备提供服务的典型延时范围。该图假设来自移动设备的往返延时约为10ms，服务本身的延时约为5ms。如果移动网络运营商能够基于蜂窝基站本身交付服务，那么它与其他提供相同服务的竞争应用服务提供商相比，在延时方面将具有显著的优势。蜂窝通信系统被设计用来使移动网络运营商能够基于服务网提供并交付服务。然而，与其他应用服务提供商相比，移动网络运营商基于服务网提供服务在延时方面所具有的优势并不非常明显。只有当应用服务提供商在互联网上与被提供服务的用户之间相距很远时，在延时方面才会有一些实质性的差异。同样，与企业服务本身相比，这种延时优势也不是非常明显。

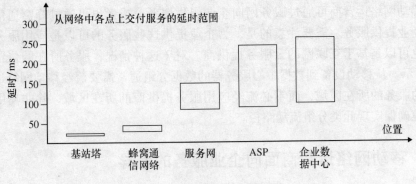

图8.3　来自移动设备的延时

　　如果移动网络运营商提供的这些服务是来自于蜂窝通信网络设施内部，最好是来自蜂窝基站本身，那么和与其竞争的应用服务提供商相比，它将拥有非常显著的优势。

另一个移动网络运营商与应用服务提供商之间的差别，是从打算接入企业网络的移动设备上拦截数据分组的能力。由于所有的数据均需要通过移动网络传输，因此，运营商可以拦截这些数据分组并提供中介服务。这些服务对企业员工来说是有利的。另一方面，流向企业的数据分组将不会直接到达应用服务提供商提供的服务上。重定向的类型可以设置，但它通常需要对企业中的系统进行周密细致的计划配置，同时还需要对移动设备的上的应用进行精心的配置。

与应用服务提供商相比，另一个移动网络运营商所具有的优势是确定企业员工位置的能力，移动网络运营商不需要在移动设备上安装任何应用软件，就能够确定企业员工的位置。相比之下，应用服务提供商则需要使用一些移动设备上的软件，上报设备的当前位置。企业商无须对移动设备上确定位置的软件进行管理，可以显著简化为企业推出各种基于位置服务的业务。当然，这样就把位置追踪功能实现的复杂处理工作转嫁给了移动网络运营商来完成。

移动网络运营商可以作为企业的独家代理，从而为它所代理的企业的所有员工提供移动服务。如果该被代理企业的所有员工使用该运营商提供的移动电话，并且所有的企业数据流量流经该运营商的网络，那么，它就可以采用一种透明的方式为企业和员工提供各种服务。然而，如果移动网络运营商与企业之间没有达成这种独家代理的关系，并且，一些员工通过其他与其具有竞争关系的移动网络访问企业网站，那么该运营商基本上就等同于普通的应用服务提供商，从而需要像其他应用服务提供商那样，实现与其相同的内容重定向机制。对于像较低的延时和透明服务中介这种移动网络运营商所特有的功能，则只有通过移动网络运营商访问企业服务的员工才能获得。

除了这些移动网络运营商特有的特点外，我们再来研究一些移动网络运营商根据差异化的客户价值主张为企业提供的一些其他的服务。

8.3 缓存与内容分发服务

移动网络运营商有两个不同的价值需求，使其需要去为访问企业网的员工实现缓存功能。移动网络运营商能够透明地拦截从用户流向企业服务器的数据分组，而且对员工的移动设备来说，从缓存位置获取服务一般要比以完整的距离从企业服务器获取服务具有更小的延时。实际上，许多网络运营商已经在任何它们能够建立缓存的地方实现了透明缓存功能，对于它们来说，这样做的目的主要是降低流向它们网络外部的带宽，从而为它们带来一定的经济效益。几乎在每一个移动网络运营商中，都具有这种功能。关键问题在于它们应当以怎样的方法提供缓存服务，才能使企业对移动网络运营商提供的缓存服务感兴趣，并愿意为这些大家都一样的缓存服务支付费用。

缓存功能不仅可以帮助移动网络运营商降低它们网络上的使用带宽，而且还能有利于企业降低企业服务器需要处理的请求数量。如果借助移动网络运营商提供的缓存服务，使企业可以使用较小容量和较低能力的服务器就足以应对日常业务，那么企业就可能很愿意将节省下来的资金支付给移动网络运营商。缓存功能应当具有动态开启的能力，只有当企业需要时再开启缓存功能，用以满足计划的系统容量所能负载的较大的业务数据流量。

基于不同网站提供服务内容改善需求的可扩展性的概念已经广泛地被运行在互联网上的网站所采用，而且它还是数十亿美元内容分发网络（Content Distribution Networking，CDN）产业的基本价值定位。目前，CDN 服务主要由基于互联网运行的应用服务提供商提供，并且需要结合域名系统进行复杂的配置，同时还需要使用内容重写功能将用户请求定向到 CDN 网站，而不是直接发送给原始系统。

移动网络运营商能够提供一种服务，这种服务使它可以提供全部的 CDN 所带来的好处，而并不需要将流量定向到其网站的机制。由于移动网络订阅用户的所有请求需要穿过它的网络，因此在用户通过移动网络运营商网络之外的其他网络使用该方法无法访问这一网站时，它就可以截取这些请求并将它们进行缓存。不过，如果大部分的企业用户基于某些业务协议从运营商这里访问网络的话，在企业服务器上这种流量负载的降低就可以被有效地实现。

与基于互联网的应用服务提供商相比，将内容放置到非常接近移动用户位置的能力是移动网络运营商所具有的另一种独特的优势。如果运营商能够将内容托管到蜂窝基站本身，那么服务内容的位置与移动用户之间将只有几毫秒远的距离。这将会非常明显地改善大部分访问用户的用户体验质量。尤其对于服务内容碰巧是视频流或多媒体内容的情况，与从网站获取的、带有较小延时的视频内容相比，从蜂窝基站本身获得视频服务的用户体验要好得多。

8.4　面向移动的内容转换

在很多企业中，员工被要求使用标准的笔记本或台式机访问它们的信息服务和系统。自从 20 世纪 90 年代中期浏览器出现以来，浏览器已经成为了员工访问企业服务的一种事实上的标准界面。由于用户使用的笔记本和台式机具有相当大的显示屏幕，因此网站和企业服务被设计成满足大屏区域显示为最佳。

随着智能手机的出现，可用屏幕的尺寸变得越来越小。即便是人们的关注越来越多地投向较大的手机，但最终的尺寸将仍然受限于能够满足人们携带手机舒适度的物理屏幕尺寸大小。直到一些技术（如在我们眼镜上的屏幕投影技术）的出现和采用之前，移动设备可能仍将具有较小的屏幕。对于这种情况，很多网站和企业开发的服务在较小的屏幕上显示时，就会变得笨重且难于处理。举一个例子，当在智能手机屏幕上浏览网站时，出现在很多网站页面左边的导航工具栏就会变成令人讨厌的东西，因为它们会占据部分屏幕显示空间。

　　一种解决方法是为移动电话和设备开发专门的应用，访问企业服务。虽然这是一种很好的解决方法，但在将所有基于 Web 提供的服务迁移到相应的移动电话应用上时，需要进行大量的工作。而且，由于在大部分的办公时间中，人们仍然需要使用笔记本和台式机来访问服务，因此已有的基于 Web 的系统仍然需要被支持。

　　更实际的解决方法是建立一个中间件，用来检测用户是否是使用移动设备访问基于 Web 的服务。如果是，页面内容会被以某种方式进行渲染，使其更加适合于显示在用户的移动设备屏幕上。如果不是，则显示传统的 Web 页面。这种中间件的作用对于基于 Web 访问的员工来说，类似于一种透明代理，而对于移动设备上的用户来说，它的功能则类似于一种内容转换引擎。

　　移动网络运营商可以为企业用户提供处理此类移动转换的服务。由于所有移动网络用户的访问都是来自于移动设备，因此这种移动转换功能需要一直开启，这样也就避免了对用户是否属于移动用户进行判断可能遇到的问题。移动网络运营商可以雇用企业运营商分担自己的转换处理的复杂度，并且只需向企业运营商支付费用即可。由于移动网络运营商可以为多家企业提供这种转换服务功能，这样就可以分摊掉开发这种转换系统的成本，从而为企业提供一种比他们自己独立开发成本更低的解决方案。

8.5　雾计算

　　在企业数据中心和 IT 设施中，存在两种已经被广泛采用的技术，一种是虚拟化技术，另一种是云计算。

　　企业数据中心通常包含很多的服务器，它们被用来运行不同部分的软件。在数据中心上运行的软件结构可以表示成一种如图 8.4 所示的分层结构。在实体机器硬件上需要运行一个操作系统，例如 UNIX 系统或者它的变种。操作系统向上支持中间件层。比如，这些中间件可以包括数据库系统、Web 应用开发系统和消息传递系统等。最终的企业软件是在中间件之上实现的。

图 8.4　服务器软件结构

　　在虚拟化技术中，数据中心软件是运行在虚拟机上的，而不是直接运行在实体系统上的。一般情况下，单个实体机器只运行单一的操作系统，并在该操作系统上运行数据中心软件应用。在虚拟化的情况下，一种称为管理程序的软件允许在同一个物理实体硬件上创建多个彼此独立的操作系统。基本上，一个物理机器的作用相当于多个物理机器实体。虚拟化技术的好处很多，包括动态降低数据中心功耗的能力、易于移动计算单元的能力，以及降低了系统整体所需服务器的数量（见图 8.5）。

　　另一种逐渐被人们采用的技术是云计算。在云计算中，服务器不是托管在企业本身的物理实体机器上，而是根据需要从企业外部的应用服务提供商那里租用。对于一些计算可能并不需要一直使用，例如，如果企业只需要每隔几个月运行一次某类分析软件，它就会从一个云服务提供商那里租用这种计算功能，这要比试图让自己的服务器实现这种计算能力要经济高效得多。

　　应用服务提供商提供的云计算服务通常具有3 种模式：基础设施即服务（Infrastructure as a Service，IaaS）、平台即服务（Platform as a Service，PaaS）和软件即服务（Software as a Service，SaaS）。在 IaaS 模式的云计算中，企业可以租用

图 8.5　基于管理程序的服务器软件

云上的虚拟机；在 PaaS 模式中，企业可以从云上租用中间件；而在 SaaS 模式中，企业可以从云上获得整个应用。

　　作为云计算的一种演变，雾计算[42]的概念已经被一些研究人员所提出，用来解决与性能和可扩展性有关的问题。在云计算中，企业应用运行在互联网上某处共享的基础设施上。在雾计算中，云计算的概念被分散到更接近于终端的系统上。这个因"云"而"雾"的命名，源自于"雾是更贴近地面的云"这一名句。基于这种想法的另一种命名，使用的是"微云（cloudlet）"这个词，详细介绍请参见参考文献［43］。

　　移动网络运营商也可以为企业客户提供基于 IaaS、PaaS 或 SaaS 模式的雾计算服务。在 IaaS 模式的雾计算服务中，企业租用移动网络运营商提供的虚拟机。这些虚拟机可以在运营商的服务网中提供，也可以由蜂窝基站本身提供。由蜂窝基站本身提供的虚拟机要比企业数据中心以其他方式获得的虚拟机，更接近于终端用户，而且这也是移动网络运营商所特有的差异化的价值主张。类似地，在 PaaS 模式的雾计算中，移动网络运营商可以提供一组固定的中间件选择，而在 SaaS 模式中，移动网络运营商能够提供一套完整的应用。

　　将云分布到每个独立的蜂窝基站上，确实存在一定的复杂性，而且还会降低潜在的延时优势和雾计算的性能增益。管理分布式的应用要比管理集中在云中的应用具有更大复杂性，而且需要更高的自动化水平。将云分布到蜂窝基站上可能会降低云计算在规模运维上的成本优势。在各种应用中，需要认真考虑权衡成本与性能之间的关系，从而确定对于给定的网络环境是否适合应用雾计算。

　　从本质上来说，雾计算的概念是基于移动网络运营商的环境中的位置提供云

计算服务。通过使其更加接近终端用户，移动网络运营商提供的雾计算能够向企业提供所有的云计算优势，以及一些额外的优势，比如改进的用户响应时间和用户体验质量。

8.6　基于位置的服务

基于位置的服务是移动网络运营商为消费者提供的可选服务。移动网络运营商面向消费者提供的基于位置服务的差异性与面向企业提供的基于位置服务的差异性是相同的。不过，当移动网络运营商与企业之间达成某种关系或协议时，它会为企业员工提供专用的基于位置服务。它还可以为企业提供能够改善企业运营管理的基于位置的服务。移动网络运营商可以提供的基于位置的服务的一些例子如下：

1）资产追踪：很多企业拥有各种类型的资产，并且分布的区域比较广阔。例如，电缆公司拥有的维修团队和卡车会在一定的地区内不断地移动。环卫或废弃物管理公司的垃圾箱可能会分布在城镇的各个地方。而且，其中一些垃圾箱还可能被短期租借给特定的小区或公司。林业公司拥有的木材削片机和树木切割机也可能会分布在整个广阔的森林区域。所有的这些企业都需要知道它们资产的当前位置以及坐落在哪些地方。移动网络运营商能够为它们提供追踪这些资产的服务。通过将带有 GPS 单元或 SIM 卡的模块固定在这些资产上，电话公司就能够记录这些模块的位置，从而实现对它们的跟踪。

2）地理围栏：在资产追踪方面，一个具体的应用实例是地理围栏。地理围栏会跟踪某一资产的位置。只要该资产位于地图上的特定区域内，系统就不会工作。但是，一旦该资产离开特定区域的边界，系统就将会向企业发出警报。地理围栏的使用场景为，用户仅对资产是否移出设计区域感兴趣的情况。除了跟踪目标资产是否移出围栏之外，它也可以被用来跟踪指定资产或人是否已经进入到围栏之内。例如，确定是否员工已经到达工作位置。除了用于企业之外，地理围栏还有很多其他的应用。例如，它可以被宠物主人用来跟踪他们的宠物，确定是否宠物离开所在的位置，还可以用来追踪野生动物或牛群，以及追踪学校内没有亲人陪伴的未成年人的位置。

3）车队管理：对很多企业来说，经营和管理一个车队是非常重要的。这样的企业的例子包括出租车公司、快递公司和公交/火车公司。对于其中的大多数企业来说，跟踪它们车队成员的位置，以及决定哪一个车队成员应当被调度去接受新的服务需求，是非常重要的。例如，对于一个出租车公司，人们的搭车请求和落客情况以一种随机的时间间隔发生着。当新的搭车请求到来时，出租车公司需要决定哪辆可用的出租车应当被调度。对于这样的公司来说，在任何时间掌握车队的位置并确定对它们进行调度以应对新的搭车请求，是一项非常重要的服务。

　　4）应急管理：当紧急情况，例如暴风雪、洪水、雪灾或地震在某一区域发生时，大部分的企业需要确定其员工的位置，并确保他们状态良好，没有危险。完成这项任务需要跟踪员工们的位置，使用电话或短信通知他们，并要求他们向企业反馈他们的情况。由于一般企业与员工家庭的网络接入方式（例如，供电或互联网接入出现故障）在这种紧急情况中往往无法工作，而移动网络在此时却可以提供便捷的通信方式，只要确保它的小区站点在紧急情况中仍然运行即可。

　　前面仅列出了几个移动网络运营商能够提供的基于位置服务的例子。除此之外，人们还可以想出更多这样的服务并把他们增加基于位置服务需求的清单之上。暂且不去考虑具体的服务内容，这里有两个选择提供给企业用来获得此类基于位置的服务。一种是，企业自己运行管理这种服务。另一种是，企业订阅移动网络运营商提供的此类服务。

　　当企业自己操作运行此类服务时，企业仅使用移动网络运营商的网络传输它们的数据。在一些情况中，企业可以从网络运营商获取其员工或资产的位置，在其他情况中，企业也可以从它自己的设施上（例如，员工移动设备上的应用软件，或是固定在资产上的企业自己的跟踪模块）获得这些位置信息。对于这种情况，网络运营商能够获得的数据商业化机会将会减少。为了从此类服务上获得利润，网络运营商需要转换营销方式向企业提供这类服务，也就是要让企业发现从网络运营商那里获得服务比自己实现或从顶层服务提供商获得服务更经济、更高效。

　　对于小规模的企业来说，它们没有资源开发自己的一整套此类服务，移动网络运营商可以更加高效地为其提供这些服务。同样，如果移动网络运营商能够提供这些服务，例如，不需要在人们的移动设备上安装专门应用软件即可跟踪人员和车队，那么很多企业就会被其吸引，从而使用运营商提供的这些服务。

8.7　安全管理服务

　　目前很多企业需要面对的一个挑战是，当他们的企业员工使用自己的移动设备或企业配发的移动设备用于个人用途时，企业所承担的企业数据与应用安全问题。虽然移动设备可以为人们带来便利，但是它们很容易被放错地方，而且移动设备一般由于比较昂贵，因此容易被偷。此外，当企业员工在移动设备上安装或放置企业管控之外的应用时，就有可能由于设备上可能存在的恶意应用，导致企业敏感数据泄露或损失的情况发生。

　　对于此类问题，一种解决方案是，使用移动设备管理程序在移动设备上创建两种用户角色，这种管理程序可以使在同一个物理设备上建立两种虚拟设备，一种面向企业用途，另一种面向个人用途。在这种情况中，移动网络运营商可以向企业提供附加的服务，确保只有运行企业应用的虚拟设备才有权限连接到企业网络。这种方法确保了企业网络的接入安全性，但是无法防止由于移动设备遗落导致的企业数据损失。

　　对于此类问题，另一种解决方案是依托雾计算应用。禁止企业应用在物理实体设备上运行，而是通过网络上的某种服务来被执行，而且只在用户设备的屏幕上显示运行应用渲染之后的可视界面影像。使用这种方法，企业应用和数据将永远也不会离开网络，即便是用户的设备丢失，从而确保企业应用和数据得到保护。

　　为了获得较好的性能，托管的服务需要尽可能地靠近移动设备。如果移动网络运营商使用蜂窝基站提供服务，那么它就可以为客户提供最佳的响应时间。服务也可以被托管到服务网，在这样的情况下，移动网络运营商与基于互联网的应用服务提供商相比，优势只剩下一点，即移动网络运营商可以透明地截取企业员工的数据流，而这对使用其网络的企业员工来说是不可见的。

第 9 章　面向应用服务提供商的数据商业化服务

在本章中，我们主要关注移动网络运营商为另一组名为应用服务提供商的用户提供的数据商业化服务。在一些情况中，应用服务提供商与移动网络运营商在某些服务提供方面，两者之间可能是竞争关系；而在另一些情况中，应用服务提供商可能又是移动网络运营商的客户。因此，我们需要理解，在移动数据生态系统中，两者提供服务的模式，以及移动网络运营商可以为应用服务提供商提供的差异化价值主张。本章将在第一节对这些问题进行详细的讨论。

后续几节主要关注移动网络运营商能够为应用服务提供商提供的各种服务。这些服务中很多都是移动网络运营商为企业提供的服务的演变版本。但是，这些提供的服务的优势都是从应用服务提供商的角度所考虑和为其所需要的，并且与从企业的视角考虑所提供的服务相比，它们之间是非常不同的。

9.1　面向应用服务提供商的差异化服务

在移动网络上的应用实现方式与图 8.1 所示的企业应用模型非常类似。不过，在这两者之间有一个非常重要的区别。在企业应用情况中，移动网络运营商可以通过与企业的协商，使所有的移动用户（企业的员工）通过它的网络访问服务。即便这种通过协商建立起来的服务代理关系并不是唯一的、排他的，也就是说企业还可以从其他服务提供商获取服务。在这种关系中，移动网络运营商可以为企业提供它的服务，同时，应用服务提供商为企业用户提供的同样的服务，也可通过其他的移动网络获得访问。

但是，应用服务提供商通常很少能够或是根本无法左右其用户选择移动网络运营商作为自己服务提供商的决定。而所有的移动网络运营商也只能围绕着应用服务提供商的部分客户提供服务。在任何地区，通常都有 2 ~ 3 个主要的移动网络。图 9.1 描述了这种场景，其中有 3 个移动网络在被人们所使用。如果这 9 个智能手机用户都正在访问互联网上应用服务提供商的网站，那么每个移动网络只能拦截其中属于它们自己的那 3 个用户的数据流量。

几乎所有应用服务提供商的大部分用户都不会只使用一家运营商提供的移动网络。为了让移动网络运营商提供的服务能够吸引应用服务提供商，这些服务应当是有价值的，即使只有一小部分应用服务提供商的用户使用它。基于上述原因，一些移动网络运营商为企业提供的服务无法像吸引企业那样吸引应用服务提供商，移动内容转换服务就是这样的一个例子。

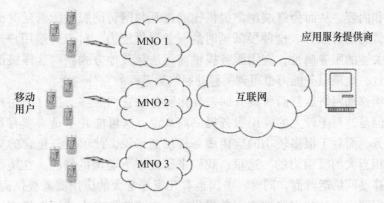

图 9.1　接入应用服务提供商模型

在讨论移动网络运营商拥有的差异化服务之前，我们先来快速了解一下应用服务提供商为移动用户提供服务的方式。应用服务提供商可以使用两种服务模式。我们分别将它们称为单点模式和双点模式。两种模式情况如图 9.2 所示。

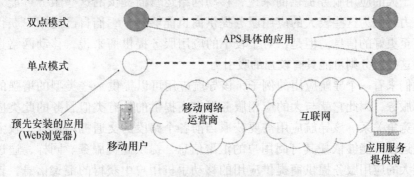

图 9.2　单点模式和双点模式的应用

在单点模式中，应用服务提供商将运行一个服务，该服务能够被移动设备上预先安装的应用程序所访问。应用服务提供商不会拥有或创建预安装应用。在大多数情况中，预安装应用是移动设备上的 Web 浏览器，并且应用服务提供商只需简单地运行一个网站，向它们的客户提供有价值的服务。在双点模式中，除了运行在互联网上网站或服务外，应用服务提供商在移动电话上还需要有一个特定的应用软件。

使用单点模式，只需要提供网站或服务，这样可以降低应用服务提供商的开发成本。但是，在双点模式中，应用服务提供商在移动设备上拥有定制化的应用，这可以使开发的应用具有更好的用户体验和预安装应用（比如，浏览器）所不具有的新功能。在双点模式中，应用与服务之间使用的通信协议可以被定制，以满足应用的使用需求，并使其不受标准协议限制的约束。

在这样的情况下，移动网络运营商只能为应用服务提供商提供有限的差异化服务。其中，第一个差异化服务是移动网络运营商在为终端用户提供服务时，具有极低的延时。正如前面章节中讨论的内容，移动网络运营商能够在蜂窝基站上托管服务和内容，从而为终端用户提供比通过互联网访问服务所需延时低几个数量级的极低的延时服务。这种极低延时的服务提供能力，对于终端用户来说，是一种非常关键的服务属性，应用服务提供商无法从其他方式获得这样极低延时的服务。而且，此项服务能力也得到了移动网络运营商的充分利用。

另一项移动网络运营商所具有的差异化服务是它们能够支持订阅用户的规模和数量。但是，对于较大的应用服务提供商来说，这可能并不是一项有竞争力的差异化服务，而对于很多较小的应用服务提供商来说，此项服务包含的支持规模还是具有相当大的吸引力的。这里，我们来研究以下美国的情况。在美国，有几家较大的移动网络运营商，同时，美国也有几家非常大的应用服务提供商，例如，流行的社交网络网站和网络搜索引擎提供商。在某些情况中，较大的应用服务提供商拥有的用户数量要比任何一家移动网络运营商的订阅用户数量还要多。但是，还有很多较小的应用服务提供商，它们没有同样多的订阅用户数量。如果较大的移动网络运营商想要对外提供一些基于从它们的订阅用户那里汇聚的信息的服务，那么对于大的应用服务提供商来说，移动网络运营商提供的这些服务可能并不具有吸引力，因为这些较大的应用服务提供商也能够基于它们自己的用户获得同样的、甚至更好的信息。但是，对于较小的应用服务提供商来说，移动网络运营商提供的这些服务则可能具有较强的吸引力。

我们来看一个导航应用的例子，该导航应用可以提供一些类型的增强的路由和地图服务，因此它就与大的应用服务提供商提供的具有类似服务的此类应用之间构成竞争关系。该导航应用需要获取当前各个路段的交通拥堵信息。较大的移动网络运营商能够依托其订阅用户的汇聚信息，提供此类服务。同样，通过从运行着较大的应用服务提供商提供应用的移动手机用户中获得的汇聚信息，较大的应用服务提供商也能提供此类服务。导航应用需要与较大的应用服务提供商提供的此类服务进行竞争，并且可能更愿意从移动网络运营商那里获得这些服务。

暂且记住这些差异化服务，接下来我们再来研究一下移动网络运营商基于上述差异化价值需求定位，可以为应用服务提供商提供的部分服务。

9.2　缓存与内容分发

对于第 8 章讨论的缓存和内容分发网络（CDN）情况，在为应用服务提供商提供缓存和 CDN 服务时，移动网络运营商主要有两个优势：一是它能够透明地拦截从用户到应用服务提供商服务器的分组数据流，二是通过放置缓存得到比通过到应用服务提供商完整距离更低的延时。

在企业系统的情况中，缓存可以减少应用服务提供商需要处理的请求数量。从而降低应用服务提供商的所需容量，并且这种容量的降低是非常实际的，即使应用服务提供商能够处理这些通过移动网络运营商的客户请求。对于需要向外传送大量视频或音频（这些音视频属于可以缓存的内容，而且如果不进行缓存的话，这些内容可能会消耗掉大量的带宽）的应用服务提供商来说，这种在核心网站上需求容量的降低将具有非常重要的意义。

9.3　雾计算

从广义上看，雾计算是基于缓存/CDN 原理推广普及的一种应用。与缓存/CDN 类似，它是一种服务的实例，这种服务可以为应用服务提供商带来显著的价值，即便它只被提供给应用服务提供商的部分客户使用。在这种模式中，原本需要运行在应用服务提供商数据中心上的服务，只需运行在移动网络运营商的内部设施中即可。这种方法既可以节省应用服务提供商服务器上的处理能力，又可以节省通过各种网络上的所需带宽。为数据密集型的应用服务提供商提供雾计算服务，对于移动网络运营商和应用服务提供商来说，将是一项双赢的业务。

比如，我们以一个在互联网上提供流媒体业务的应用服务提供商为例。如果视频流来自于互联网上的服务器，那么它将来自于远离本地网络的某个网站，与来自托管在移动网络设施内部的服务器相比，它将需要较高的延时且具有较低的吞吐量。相反，如果使用托管在移动网络设施内部的服务器提供视频流服务，用户体验的质量将会出现实质性的提升，而且应用服务提供商和网络上的负载也将明显地下降。即便只有一部分应用服务提供商的用户使用移动网络运营商的网络访问时，这也将有效。

图 9.3 描述了将视频流托管作为一个雾计算实例的服务场景，图中雾计算由两个移动网络运营商中的一个提供。MNO 1 提供雾计算服务，因此其客户从网站上下载视频具有更少的延时。与没有提供此类服务的用户相比，移动网络运营商用户的视频流服务具有更快和更好的性能。因此，这是一个非常强的诱导因素，使得用户更愿意选择能够提供雾计算服务的移动网络运营商。所以，可以说应用服务提供商和移动网络运营商都能够从雾计算模式的使用中获益。

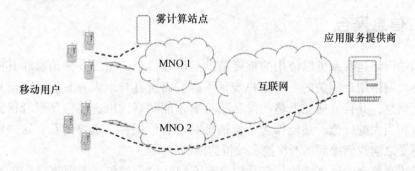

图 9.3　面向应用服务提供商的雾计算

对于使用移动网络运营商提供雾计算服务的应用服务提供商来说，还存在另一个非技术的优势。在很多国家中，移动数据是基于使用量付费的，不限量的数据服务套餐是不存在的。随着移动设备使用的增加，在使用诸如流媒体视频之类的数据密集型移动应用软件时，观看互联网上的电影和视频需要支付与其数据流量相关联的大量的数据费用，这对于用户来说是一件非常令人沮丧的事情。通过为从移动网络运营商访问这种视频流服务的用户提供货币贴现服务，会极大地促使用户对应用服务提供商需求的增长。从而使其营收，也就是经济收益得到增长。反过来，再使用这些增长的营收收益支付在基础设施上的服务托管费用，结果就会产生一种移动网络运营商与应用服务提供商彼此双赢的局面。

可将同样的方法应用到应用服务提供商提供的其他服务上。一般情况下，将计算从数据服务器移动到移动网络运营商网络内部的某个位置上，在下面这组条件下，将能达到更好的效果。

1）如果一个应用软件在使用中，需要在网络上传递大量的数据。

2）如果网络延时会对用户性能产生显著的影响。

3）如果应用软件是非常"健谈"的，也就是说，它需要产生大量与服务器的请求响应交互序列。

与可以以不同模式提供云计算服务一样，移动网络运营商提供的雾计算服务也能够以不同的模式被提供给应用服务提供商。在基础设施即服务的应用场景中，雾计算由一个提供虚拟机的移动网络运营商构成，该虚拟机被应用服务提供商使用在其基础设施中。这可以降低托管应用的延时。与此同时，它提供了一种界定明确的移动网络运营商可以提供的服务。

移动网络运营商提供的另一种类似的服务模式是提供平台即服务。如果在不同的应用服务提供商上，应用开发的平台都是通用的，那么此类服务模式的提供将变得非常有用。但是，由于在不同的应用服务提供商之间，应用在使用时，往往具有各自应用服务提供商独特的使用特点，因此将具体的应用托管成一种通用的服务，提供给不同的应用服务提供商，这可能并不是一种有效的数据商业化方法。

9.4　信息聚合

移动网络运营商可以使用的重要信息是位置信息、位置改变信息和其网络上每个移动网络用户相关的一些用户统计信息。而所有与个人有关的具体信息都属于敏感信息，并且只能在严格的隐私政策下才能共享，由这些信息聚合得到的信息具有相当大的价值，还能作为转售信息对外有偿提供，重要的是，这些转售信息将不受之前我们提到的严格隐私政策的限制。

可用来聚合的最直接的信息是用户在不同路段上的位置与速度之间的对应关系。移动网络运营商能够跟踪其用户在高速公路上移动的速度。然后，将这些信息作为道路的交通状况信息，提供给那些运行导航设备与系统的公司。

　　拥有自己的地图和导航服务的大型应用服务提供商也会收集类似的交通状况信息。但是，这需要以智能手机的大量普及为前提，以及其用户愿意在他们的移动设备上启动这些耗电的位置跟踪应用软件。很多应用服务提供商能够从这些信息中获益，但是无法拥有较大的应用服务提供商所具有的那种用于获取此类信息的广泛渠道和渗透能力。因此，对于这些较小的应用服务提供商来说，它们就属于此类信息聚合的潜在市场用户。

　　移动网络运营商所具有的优势是它们能够基于其网络上不同用户的蜂窝基站三角测量方法，跟踪和聚合位置信息，而并不需要依靠任何移动设备上的应用采集位置数据。这一优势可以节省智能手机的电量，同时还可以让运营商基于普通的功能手机用户即可进行位置跟踪。在世界上的一些地区（例如非洲），智能手机是非常稀缺的，在这些地区，移动网络运营商是唯一能够获得此类聚合信息的经营者。

　　移动网络运营商还可以选择使用一种相比较为粗略但更加容易的方式确定用户的位置。它们只需简单地跟踪用户正在连接的蜂窝基站，即可获得用户当前的粗略位置信息。这种位置的精度取决于每个蜂窝小区的覆盖面积。在微微蜂窝与微蜂窝中，这种定位方法的位置确定效果要比应用在宏蜂窝的情况中要好。由于人们在不同蜂窝基站之间切换呼叫，会产生新的呼叫数据记录。通过跟踪移动设备经过不同蜂窝基站的轨迹，把它们与它们的移动速率相关联，并且将这些信息叠加在该区域中道路网络上，从而得到任意区域内不同道路上对交通流量的合理且良好的估计结果。

　　交通状况信息并不是移动网络运营商所能够提供的唯一一种聚合信息。在很多情况下，移动网络运营商拥有其呼叫用户的个人统计信息，例如，他们的年龄、他们的住所或他们的居住区域。在某些情况中，例如，当移动网络运营商提供对其用户进行信用核查服务时，移动网络运营商还会访问其用户的信用卡积分或收入信息。当人们使用电话套餐的折扣价时，例如，使用员工或单位团体价时，移动网络运营商就会知道这些用户的人事关系，也就是他们就职于哪些公司。移动网络运营商还能够确定不同特征人群的人口统计分布。用户信息聚合减少了很多与个人信息相关的隐私问题。对于很多应用服务提供商（例如，依赖特定位置广告的广告商）来说，人口统计分布信息是很有价值的。例如，他们可以根据不同位置的人群特征放置广告牌。

　　信息聚合还能够确定社区中现有的通勤模式，并且通过将用户的移动与火车或公共汽车时间表或他们过去的出行模式检测出火车或公共汽车的当前位置。这可以使移动网络运营商对外提供跟踪公共汽车和火车的服务，以及在一些新兴市场中尚未发展良好的能力。

　　有几种类型的应用服务提供商很乐意得到特定区域中人群移动的当前模式或历史模式信息。因为，这可以帮助它们了解如何为它们的客户定制服务和为它们提供服务。

9.5　信息补充

　　另一种移动网络运营商可以为应用服务提供商提供的有用的优势是信息补充。例如，很多应用服务提供商在它们的网站上向用户提供针对特定位置的广告。如果你正在浏览这一网站，应用服务提供商就会收集你的设备的 IP 地址，并且试图使用各种技术[44,45]（大多是使用一种存有地址与位置映射关系的查询表数据库）将这一 IP 地址关联到一个粗略的地理位置上。尽管得到的信息结果是一种近似且不是非常准确，但这些信息对于确定计算机位于距离实际位置 20～30mile 范围内的应用需求来说，已经是足够精细了。

　　在应用服务提供商使用相同的技术确定用户的位置时，如果这些用户访问网站的设备是移动设备，并且该移动设备通过 LTE 或 3GPP 协议接入网络，那么其中涉及的 IP 地址通常取自分配给移动网络运营商的互联网地址池。在大多数的情况下，这些地址只被映射到国家范围内的几个彼此分离的接入点，或者在某些情况下，映射的接入点会多一些，分布的密度会大一些，定位的精度略微有所提升。因此，这会严重影响应用服务提供商确定用户位置的能力。

　　在移动设备上拥有自己的应用软件的应用服务提供商能够追踪用户的位置。但是，对于很多的应用服务提供商来说，用户无须下载它们的应用就能够访问这些应用服务提供商的网站。如果相关的监管法规准则允许，移动网络运营商可以在传送给应用服务提供商的消息内包含用户的大致位置信息。此时，移动网络运营商就可以从这种为应用服务提供商提供的额外信息中收取一定的费用。

　　除了位置信息，移动网络运营商还能够为应用服务提供商传送其他的信息，例如，用户使用哪种母语。这可以让应用服务提供商选择在其显示内容中优先使用的语言。在这样的信息补充方面主要的受限因素，可能是一些相关的地方法规，以及网络客户对自己位置信息被人确定时可能产生的反感情绪。

　　移动网络运营商传送给应用服务提供商的另一种类型的信息是用户连接到网络的连接类型信息。例如，当环境中无线频谱资源因受限而无法使用时，移动网络运营商会将这一信息提供给应用服务提供商。应用服务提供商就可以利用这些信息，根据用户网络条件，调整提供给用户的信息类型。例如，假设应用服务提供商运维的网站包含大量的图片。如果用户的网络连接条件很糟糕，应用服务提供商就会向这样的用户提供具有较低图片分辨率的网站页面版本。这可以使应用服务提供商能够依据其用户的网络条件，更好地管理用户访问其运维网站的用户体验。

9.6　基于历史信息的方案

　　对于客户以及企业来说，在创建面向数据商业化服务中，基于位置的服务被认为是一种好的营收来源。此外，对于应用服务提供商以及一些企业来说，基于历史位置的服务也能够提供好的营收来源。

移动网络运营商可以获得大部分人们的历史位置信息以及他们的移动方式。对这些信息的挖掘可以产生丰富的兴趣点，并且这些兴趣点可以被用来为其他应用服务提供商提供各种有价值的信息。在本节中，我们将关注此类信息应用的部分典型场景。

1）交通规划：相关部门在制定大城市区域的公共交通规划时，参考的数据通常是基于对相应区域周边人口中心以及人们的可能出行目的地的粗略估计而得出的。但是，移动设备可以为移动网络运营商提供一种收集和存储相应区域周边人们出行模式历史信息的方式。通过跟踪用户的位置和移动轨迹，移动网络运营商可以明确地知晓人们在上下班通勤期间的出行模式和他们在非高峰时段的出行模式。当人们需要制定新的公交和火车线路时间表时，这些信息就可以向制定者反映出人们对将要制定的公交和火车真实的需求情况。这可以帮助制定者规划新的公交路线，制定新的公交和火车运行时间表，甚至还可以被制定者用来决策是否需要拓展新的铁路线路。

2）设施位置：对人们的实际出行模式信息的掌握是一个价值点，利用这一价值点可以确定新设施的正确开设位置，这种设施可以是一个即将开业的商场。在每一个新商场的选址方面，通常将其开设在交通繁华的区域附近比较有利，最好是开设在商场目标用户人群交通高度密集的区域之间。所以说，历史位置信息可以有助于选择合适的新商场（或者咖啡店等其他设施）的开设位置。

3）市场营销和广告：每一个城市中，都有很多用来设置广告牌的位置。但是，人们并不清楚到底有多少人会经过这些特定的广告牌的位置。通常，广告牌的位置选取都是基于对人们经过某一位置的粗略估计。然而，通过移动电话，移动网络运营商就能够获得经过任意指定广告牌位置的人们的人数。有了这些指定区域中实际的人流历史数量，就可以获得一个非常有用的价值点，从而能够用来确定每一个广告牌的价值，以及确定它能够用来面向的最佳用户群。

4）企业竞争情报：很多商场都是非常大的，以至于可以使用蜂窝移动位置信息确定用户是否位于商场内部。这一信息可以用来提供有关在指定商场内部的用户数量、这些用户一般来自于哪里，以及他们在商场中度过了多少时间等聚合信息的竞争统计数据。通过这些信息可以了解到哪些用户在竞争者的商场中。对不同商场中人群流量进行这样的比较分析，对于很多商场来说，是非常有价值的，因此，移动网络运营商可以对提供此类信息的能力进行商业化运作，有偿地为商场提供此类信息。

创新的移动网络运营商可能会想出更多它们可以提供的具有吸引力的数据商业化应用模式。上述列举的这些场景仅仅是这些应用模式中一些很可能使用的情况。

第 3 部分　企业及应用开发技术

第 10 章　移动应用概述

在本章和接下来的几章中，我们的视角将从移动网络运营商转移到提供手机访问服务的应用服务提供商。在大部分的情况下，应用服务提供商需要有两个组件，智能手机上的移动应用和与其通信的服务端应用软件。移动应用，尤其是需要与互联网上服务器交换数据的移动应用，是移动数据增加的主要来源。

移动应用的设计与功能对访问服务的消费者的用户体验，以及移动设备上的资源（例如，智能手机的电池电量、网络带宽等）使用情况有着显著的影响。随着越来越多的应用服务提供商为智能手机用户提供它们的服务，网络带宽缺乏已经成为影响用户体验的一个重要问题。在本章中，我们将关注移动应用开发中的几个典型问题，并讨论应用开发中与移动应用相关的各种困难，以及它们对应用性能的影响。

10.1　移动应用解析

一般而言，术语"移动应用"指的是驻留在移动电话上的一类软件，并且这类软件能够同移动电话用户进行交互。在某些情况下，此类软件是一种独立的"自包含"组件，它不与网络上任何其他组件进行交互。例如，像智能手机上的手电筒或虚拟水准仪这样的应用，就不需要与网络上的任何其他系统进行交互。除了需要从网络上将这些应用下载下来完成安装之外，这些应用在运行中几乎不会产生网络流量负载。它们有时可能需要连接网络检查是否存在版本更新，但是主要的功能还是基于单机的基础上运行的。

不过，大多数移动电话上的应用还是需要与互联网上的一个或多个服务器交换信息的。新闻类应用需要从网站上获取最新的新闻，智力游戏需要定期更新，竞赛类游戏需要上报和更新高得分值，多人游戏需要在多个玩家之间同步游戏状态，电话簿上的联系人需要同步到网络，音视频类应用需要从网络上下载音视频内容等。在这些信息交换的过程中，如果网络中缺乏足够的带宽，就会导致出现棘手的用户体验质量问题。

如果我们看一下移动应用的生命周期，可以得出以下几个不同的阶段，如图10.1所示。在初始阶段，应用程序被开发。开发之后是测试阶段，主要测试移动应用在其应当运行的不同平台上的应用性能和应用功能。测试阶段完成之后，应用即被发布。发布阶段包括使应用可在一个或多个应用商店内被获得下载。一旦应用被提供给它的用户且被使用，那么该应用就需要得到各种技术支持。一般，应用软件的生存阶段是这几个阶段中最大的一个。一段时期之后，应用软件可能需要升级，在这种情况中，升级的应用软件又会从开发阶段重新开始上述生命周期。

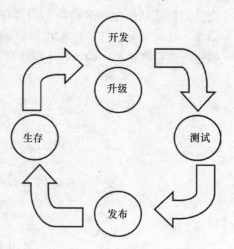

图 10.1　移动应用生命周期

上述这些阶段中的每一个阶段又会依次包含多个不同的阶段。从软件工程的角度来看，开发阶段是最重要的，并且在正常的软件工程实践中可以被分解为各种应用开发阶段，例如，需求分析、设计和开发。考虑到需要让移动应用支持大量的设备，因此相比来看，测试阶段可能是更加耗时和昂贵的过程。发布阶段通常被精简，并且具体到不同的应用软件商店。在生存阶段，所有与网络和移动电话中资源受限相关的问题都会走到前台，并且，该阶段也是所有开发过程中设计的功能接受检验的阶段。

开发阶段中设计的各项功能会影响所有的后续阶段，并且对用户体验和应用生存运行阶段中的各项应用能力产生显著的影响。

10.2　移动应用类型

移动应用可以被分解成3个不同的部分，如图10.2所示。移动应用由两种软件构成，在移动设备上运行的移动部分和在应用服务提供商运维的服务器上运行的服务器部分。两者之间通过所选协议进行通信。因此，移动应用实际上包含3个部分：移动部分、服务器部分和内部相互通信协议。根据这些特点，可将移动应用分为三大类。

第一类应用的移动部分只包含移动设备上的 Web 浏览器，并且选取 HTTP 作为两个部分之间的通信协议。通常，将此类应用称为 Web 应用。采用 Web 应用最大的优势是，人们只需要对服务器端的应用进行开发和支持。由于通常只需要支持一种类型的服务器（例如，企业可以只选择一个特定品牌的 Web 服务器，并且从一堆服务器模式中只选择一种操作系统，来运行它们的应用软件），因此与需要支持运行移动部分的多种类型的客户端相比，这种单一性的应用支持更加高效和简单。移动部分的任务全部由浏览器来完成，而应用服务提供商却不需要对浏览器进行支持和维护，因为这不属于应用服务提供商的责任。

图 10.2　移动应用架构

需要注意的是，使用基于 Web 的应用并不能完全减少对多样化终端设备的维护管理问题。不同的设备在运行基于 Web 的应用时需要给予不同层次的支持服务，而这需要在应用开发和测试阶段将其考虑在内。

在服务器端，使用诸如 PHP 或 Python 编程语言编写的 Web 应用程序通常提供使用诸如 JavaScript™ 脚本语言编写的客户端应用程序，并且使用 HTML，结合使用 HTTP 进行文本交换，从而将客户端和服务器端的应用连接在一起。JavaScript 程序会被移动电话的浏览器下载并在客户端本地运行。最新的 HTML 版本是第 5 版的 HTML 或 HTML5，它制定了能够在浏览器上实现的各种能力，包括对流媒体音视频的支持能力、本地缓存存储的能力，以及对地理位置信息的支持能力。这些能力使得一套丰富的应用程序能够被运行和执行在移动电话上，而并不需要任何其他的移动部分，只需要在客户端上拥有一个标准的浏览器。和其他内容一样，应用程序呈现的外观和风格可以通过层叠样式表（Cascading Style Sheet，CSS）来控制。

如果移动设备需要服务器端的任何数据或程序，那么这些程序可以作为服务器端脚本通过 HTML 用户控件（例如，作为表单或按钮）被调用，并且可以使用各种服务器端脚本语言进行开发。

第二类应用避开了将 HTML 用于移动部分和服务器端部分之间的通信，而是选择使用自己私有的通信协议，并且创建了一个独立于浏览器的移动部分。在这种情况下，应用服务提供商既需要开发移动部分，也需要开发服务器端部分，而且还要采用某种协议用于两者之间的通信。因此，这类应用被称为本地应用。

本地应用为应用开发人员提供了一些 Web 应用所不具有的优势。它们能够使用更加高效的协议，例如，避免了笨重且庞大的 HTTP 首部的开销，以及不需要对使用 HTML 交换的所有数据进行编码。它们还可以使用本地移动设备上的各种服务，而不受由 Web 浏览器执行框架强加在它们身上的各种约束限制。通过使用移动设备系统平台所支持的本地编程语言，应用就可以具有更强的实时性，并且能够提供更加丰富的和更具响应性的可视化界面，而这些都是基于 Web 的应用无法做到的。

本地应用的另一面是它们需要面向特定的平台进行开发，并且由于市场中存在大量且各种型号的设备，使得跨多个平台对它们进行支持维护变得非常困难。

在这两种构建应用的类型之间，还有一种混合模式，基于这种模式创建的本地应用，也会使用基于 Web 的协议与服务器端部分进行通信。这使得混合模式可以选取本地应用模式和 Web 应用模式两者之间的最佳结合点。

不管移动应用开发使用哪种模式，在开发应用软件的过程中都需要面对和解决很多的挑战与问题。在接下来的几节中，我们将关注这些挑战和克服它们的部分方法。

10.3 多平台开发

开发移动设备应用所面对的第一个挑战就是，有太多的平台需要去适配。不同的平台之间的市场平衡始终随着时间而波动，并且不断有新的移动操作系统涌现出来。针对移动操作系统[46]，维基百科就列出了超过 30 多种包括过去的、当前的，以及新兴的移动操作系统。

可选的操作系统和移动设备过多为移动应用的开发带来了一定的挑战，也为应用系统的开发、测试和生存阶段带来了很多的问题。即便是人们打算仅专注于单一的操作系统，也会存在多个设备支持这一操作系统，并且每个设备具有自己的形式和资源集情形。应用软件需要面向每一个支持平台进行开发，同时还要在这些平台上进行测试，使其功能能够在这些平台上正常运行。在大量的平台上管理应用软件是一种挑战。应用软件可能在一种平台上工作完好，但是在另一种平台上就会出现问题。同样，用户体验可能在一种平台上表现良好，但是在另一种具有不同屏幕尺寸的设备上就不会表现得那么好。

这种情况主要是由于这些平台具有它们自己的运行模式和最佳的开发应用编程语言。在一些平台中，开发工具会使用一种编程语言（比如 C/C ++）写入应用程序，而在其他平台上，这一工具可能又会使用另一种编程语言写入同一应用程序。从本质上来说，在每一个不同的操作系统上开发本地或混合应用，几乎就相当于开发多个相互独立的应用，而这将显著地增加应用软件开发和测试所需的成本和时间。

当人们开发 Web 应用时，这种情况多少会有所减轻，这是因为对于 Web 应用唯一的要求是这一平台能够支持浏览器运行 JavaScript。但是，在不同的平台之间对 JavaScript 的支持中也存在很多的差异，而这些问题都需要被充分地考虑。

JavaScript 代码需要检查其运行之下的浏览器的版本，从而执行不同的代码部分，以实现对该特定的浏览器版本和平台的细微差别的支持。

通常，当需要支持多平台时，有两种方法可以用来减少在这些平台上支持单一应用所需的工作量。第一种方法是使用一个中间层，第二种方法是使用翻译器。

在使用的中间层中，定义了通用的应用程序编程接口（Application Programmer Interface，API）。这种 API 将被每一个平台所支持。单个应用程序可基于这些通用的 API 进行编写。这些通用的 API 由中间层负责实现，并且这种实现对于每个平台来说都是不同的。虽然，中间层需要得到每一个平台的支持，但是借助中间层，人们就能够使用一种单一的方式编写应用软件，并使其能够支持多个平台，从而实现支持跨平台能力。如果人们需要创建多个应用，那么使用中间层就可以减少应用开发中所需的工作量。对中间层这种方法的解释和描述如图 10.3 所示。

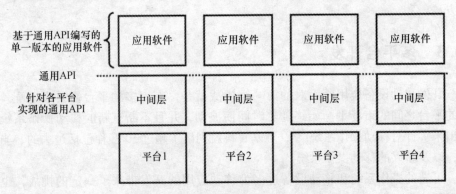

图 10.3　针对平台多样性的中间层方法

在使用中间层和通用 API 时，将应用软件与不同平台上的差异隔离开来是非常重要的。这意味着只能使用通用 API 编写、调试和开发应用软件。这种方法要求开发人员不能使用只在特定的某个平台上可用的各种有用的工具和软件库。因此，创建这种仅支持通用 API 且能够在很多平台上都可运行的整个编程框架，是一项非常困难的工作。

另一种管理多平台支持的方法是使用翻译器。在这种方法中，应用软件首先基于一个平台进行开发，然后将其从支持该平台自动翻译成支持所有其他的平台。例如，使用 Web 开发范式开发一个应用软件，也就是，使用带有 HTML 和 CSS 的 JavaScript 编写该应用。然后，翻译器会将这一代码自动转换成能够在不同平台上运行的本地或混合应用。

上述两种方法都能够减少在开发阶段中与多平台使用相关的各种挑战。但对于测试阶段，在对应用软件能否在多个不同的平台上正常工作进行测试时，仍然会遇到很多复杂问题。需要在每一个平台上运行很多的测试，以检测应用软件能否正常工作。自动化测试套件有助于自动地运行多种测试。精细地设计这种测试套件的使用方案可以有效地减少需要运行的测试数量。在多平台测试时，另一种属于后勤支撑方面的挑战是测试人员能否在企业内部获得到这些需要被测试的各种不同的平台。有一些公司可以提供专用于测试目的的各种虚拟或物理设备，以帮助获得测试所需的各种设备。

在应用软件的生存阶段，使用不同平台上该应用的各用户可能会遇到不同的问题。帮助中心负责该应用的工作人员需要对每个平台上可能出现的各种问题提前做好准备。在很多情况下，移动应用开发者出于相关成本的考虑省去了电话帮助台服务，而只向用户提供基于 Web 的帮助信息。即便在这些情况下，也需要创建和维护有关不同平台上常见问题的信息。在应用软件的生存阶段，缺少对该应用软件适当的帮助和支持机构，可能会造成对用户满意度的严重损害。

10.4　操作系统版本管理

与多平台问题相关，但又与其不同的一个问题是对移动设备上同一操作系统的不同版本上应用的管理。新版操作系统的发布是非常频繁的。例如，在 2010 到 2012 年间，某一流行的操作系统已经发布了 10 多个新的版本[47]。这就导致在 2010 年初发布应用软件的应用开发者不得不在该操作系统每次发布新版本时，都要决定是否采取适当的行动方针。

从某种意义上来说，新操作系统的每一个版本就像一个新的平台，需要被支持，以确保应用软件能够在这个平台上正常工作。应用软件的功能需要在新的平台上进行测试，并且应当运行适当的回归测试。对于操作系统的每一个新发布的版本，任何问题，无论是与功能有关的，还是与性能或安全相关的，都需要进行重新检查和测试。

由于并不是每一个设备都会升级到最新的操作系统版本，即便这些新版本的系统是可以获得到的，因此，大部分的应用开发者需要决定其开发的软件所支持的特定的操作系统的范围。为了最大限度地提高其应用软件的吸引力，他们需要支持最新版本的操作系统，以及一些较低的系统版本。

10.5　资源受限

在开发移动电话上的应用软件时，一个最大的挑战是移动电话上的可用资源是受限的。移动电话上的计算能力、内存与存储资源，以及电池电量等都是宝贵的资源。尽管在上述这些领域中，人们不断取得各种技术进步，但是在相当长的一段时间内，移动电话上的这些资源可能仍将是受限的。

解决移动电话上存储空间有限的方法是通过在网络中的服务器上为移动电话增加额外的存储空间，解决计算能力有限的方法是将复杂的计算卸载到网络中更为强大的服务器上。如果有足够的网络带宽，人们就可以忽略有关存储和计算能力限制的问题。在网络上建立抽象的功能实体和功能设施是很容易的，因此如果有充足的带宽可用，人们就能够简单地通过网络按需来回移动数据。

当带宽受限，或者带宽使用需要付费时，就像很多的移动电话数据流量套餐规定的那样，此时，开发人员就应当充分考虑存储数据到缓存所带来的影响，或卸载计算可能涉及的数据流量代价。需要花费大量带宽费用的应用软件，可能无法对终端用户产生吸引力。

为了对这些有限的资源进行管理，已经产生了多种技术和做法可供人们所使用。在本书的后续章节中，我们将来了解一下其中的部分技术和做法。

10.6　一般应用开发注意事项

虽然，前面几节中考虑的问题只针对移动应用，但是我们必须记住，移动应用毕竟属于应用软件。因此，所有适用于软件开发的一般性原则和最佳做法通常同样适用于移动应用的开发。

很多书籍对这些最佳做法和原则都有介绍[48,49]。这些软件做法中的大部分都是针对大项目中的大型团队而制定的，而移动应用的团队往往要小得多。不过，一些在软件工程中的做法还是值得一般较小规模的团队去采纳的。

一些值得去采纳效仿的做法是维护软件版本控制系统和采用一套定义完善的需求变化跟踪流程。软件版本控制系统可以让人们保持对内容变化的跟踪，确定在程序中出现的各种问题的原因。定义并采用一套结构良好的测试流程（带有自动的回归测试），对于验证应用程序的性能总是非常有帮助的。好的软件开发做法，例如，在代码中提供足够的注释文档、把代码构造成定义明确的模块，以及在代码设计中采用已知的设计模式等，对于这些好的做法，无论团队大小，它们总是可取的。

无论是对于移动应用以及它们在服务器端的配套部分，还是对于一般的软件系统，采用好的软件工程做法实践始终有利于代码开发。

第 11 章　移动应用电源效率

在本章中，我们主要关注创建节能移动应用的问题和应用服务提供商为使移动应用更加节能在编写移动应用中所采用的各种技术。在移动电话上，电池电量是一种非常有限的资源，因此编写具有最小化的电量消耗的应用是非常可取和重要的。考虑到电池充电需要花费的时间，用户很可能会卸载掉那些相比于其他应用更加费电的应用软件。从这个意义上来看，编写节能应用对于所有的应用软件来说几乎是一项基本的要求。

移动设备上的电源管理是一个复杂的问题，目前在技术社区[50-55]中已经开发了很多不同的方法，用以提升移动设备的电源效率。对电源效率的关注，多数放在操作系统内部使用的技术和移动设备中间件上使用的技术上。应用软件开发者无法过多地使用和控制这些技术。但是，对这些在移动设备上用于管理电源的方法的理解，有助于开发者开发自己的节能应用。

出于这个原因，在本章中，我们将首先介绍移动设备上使用的节能技术。其中，第一个要介绍的内容是移动设备上资源管理的简化模型，以及确定应用软件在该模型中的角色和地位。然后，我们再来了解一些改善电源效率的常见技术。最后，再来了解一些编写节能应用软件的最佳做法。

11.1　电量消耗模型

移动电话中的电量消耗主要来自于各种资源的使用，例如，屏幕、处理器和 GPS 模块等。由于各种资源的使用，它们会分别消耗不同的电量，从而从电池上消耗掉不同的电池电量。电源效率需要对不同资源的状态进行协调。这种协调可以通过使用 3 种抽象进行建模。

第一种抽象是对物理资源本身的抽象。通常，物理资源是移动设备内部的硬件组件。资源可以被开启或关闭，或是切换到多个模式中的一个模式上。其中，每个状态都会使用不同的电量级别。对这一资源的各项操作由软件中的组件进行控制，而该组件也就是第二种抽象，即资源管理。资源管理负责管理资源的状态，尤其是用来确定相应资源应当被切换到哪一种功耗模式。通常情况下，对于设备中的每一个资源都会有一个资源管理器。第三种抽象是资源消耗者，也就是需要访问资源的软件组件。在系统中可能存在多个资源消耗者，并且同一个软件组件可能需要访问多个资源管理器，如图 11.1 所示。

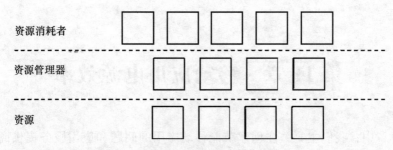

图 11.1　面向电源管理的简化资源模型

开发人员编写的移动应用通常属于资源消耗者，而资源管理器则主要由移动设备的操作系统来提供。资源通常是一些硬件设备。应用软件可直接访问资源管理器，或被禁止进行这种访问，而是只能调用那些由操作系统提供给应用软件的更高层接口，间接地调用资源管理器，具体采用哪种方法则主要取决于移动设备上操作系统的内部实现。

移动设备中每一个开启的资源都会消耗一些电量。整个移动设备上消耗的全部电量是由系统内部当前活跃的每一个资源所消耗的电量的组合。因此，最小化电量消耗的一种有效的方法是尽量降低被应用软件使用的资源数量。

移动设备中的每一个设备都有不同的电量消耗量。确切的电量消耗量取决于移动设备的模型和使用模式。但是，一些资源，例如网卡、屏幕、GPS 组件，或者显卡，通常是电量消耗的大户[55]。在任何时候，这些资源管理器都需要保持这些被所有应用软件请求的资源处于运行状态，这就会导致电池电量的消耗。降低电池电量消耗的关键是降低这些个资源开启的数量。

为了实现最优的电量节省效果，每一个资源消耗者应当只请求它们实际需要的资源访问，并在其相应功能执行结束后，立即释放掉相应的资源。这将最大化资源管理器的灵活性，使其能够关掉各种没有被资源消耗者使用的资源。

一旦资源消耗者向资源管理器做出请求，资源管理器就可以使用各种用于最小化电量消耗的技术。其中用于这一目的的常见技术将在后面几节中列出。

应用开发者使用这些技术的能力会明显地受到设备本身的影响。一般情况下，在系统中所有的这些技术对于操作系统开发人员来说都是可用的。资源管理器是操作系统的一个组件。但是，一些操作系统可能没有在应用开发者可用的软件开发包中提供对这些资源请求的接口。而其他的一些操作系统虽然可能会为应用开发者提供电源管理的接口，但是也只会向应用开发者提供对资源状态的有限控制能力。其结果是，应用软件开发者可能只可以使用部分用于电源管理的各项技术。

在本章的后续部分中，我们将更加详细地介绍应用软件开发者能够使用的各项技术，并对那些只有操作系统开发人员才可用的技术从专业角度进行概述。

11.2　工作循环

工作循环的概念相当地简单。当资源没有被使用时，将其关闭。只有当资源消耗者主动使用这一资源时，才将其开启。工作循环可以让人们减少没有被主动使用的设备所产生的电量消耗。

图 11.2 给出了为什么采用工作循环的一个简单示例。假设一个资源在其开启时以恒定的速率消耗电量。从电池电量充满开始，它将导致电池以线性的方式进行放电，并且该电池的电量将支持该资源的运行，直到电池电量降为 0 为止。在现实中，电池和资源之间有着更为复杂的关系，但是这种简单的模型足以用来说明工作循环的有效性。现在，我们假设在资源没有被使用的这段时间内，电池不放电。这将导致电池在资源处于非活动期内维持相同的电量，从而使同一个电池能够维持更长的一段时间。图 11.2 展示了该资源在 3 个间隔时间内被关闭时的电量变化曲线，这使得电池能够支撑该资源保持运行更长的时间。可见，使用工作循环的电池电量维持时间要比不使用工作循环的电池电量维持的时间更长。

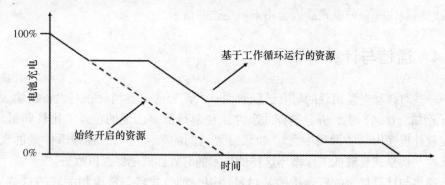

图 11.2　工作循环对电池电量的影响

工作循环的有效性取决于资源在开启时消耗的电量、资源在关闭时消耗的电量，以及资源开启或关闭所持续的时间。如果资源能够被相当频繁地开启和关闭，那么工作循环就会更加地有效。相反，如果资源需要很长的时间才能开启或关闭，那么工作循环的有效性将会低得多。

假设一个资源从关闭状态到开启状态需要的时间为 t_{on}，并且从开启状态到关闭状态需要的时间为 t_{off}。对于任何大于 $t_{on} + t_{off}$ 的时间段 t，如果预计没有对这一资源的请求，则该资源将会被关闭。资源能够被关闭的时间越长，能够实现节省的电量就越多。

决定何时开启和关闭资源的方案被称为工作循环策略，并且在设备电源效率的决定中具有最为重要的作用。这种策略一般会预测资源需要被关闭多长时间。当资源的 t_{on} 时间非常小时，这种策略将会保持该资源处于关闭状态，直到接收到对这一资源的请求。当这一时间无法忽略时，用于预测下一次对该资源的请求何时到来的策略将被使用，并用来决定该资源应当被关闭的时间。

11.3 功耗模式管理

功耗模式管理是工作循环概念的演化和推广。在工作循环中，我们主要考虑资源在两种模式上运行，要么开启，要么关闭。当资源被关闭时，它所消耗的电量几乎可以忽略不计。但是，一些资源具有更好的灵活性，可以有多种运行模式，并且每一种模式都具有不同的电量消耗速率。

使用不同功耗模式的资源的一个常见例子是当前移动设备内部的处理器。这些处理器通常由多个硬件线程构成，并且其中的一些处理器可以在时钟频率降低的模式下工作。根据处理器中开启的硬件线程的数量和在运行中所选的时钟频率，该处理器将会消耗不同的电量。

在功耗模式管理中，资源管理器需要决定这一资源应当被运行到哪一种不同的模式。对资源运行模式的估计主要是根据该资源被需要的请求数量，以及在给定的时间段内哪一种模式最适合用来满足这些请求。

11.4 通信与计算群聚

一些对移动电量消耗的研究已经表明，大部分的电量消耗在对设备的输入/输出（例如，存储）上，并且这样的事件往往都是群聚出现的，经常比较频繁地发生在软件程序内部的调用中[53]。如果需要访问的某一资源的各种事件是群聚的，那么像功耗模式管理或工作循环这样的技术的有效性就能够加以改进。

通信与计算群聚的概念指的是尽量使用一种方式将与资源相关联的这些活动聚集在一起，以便能够在最少量的连续时间内满足这些活动的需求。假设一个移动应用想要定期地检查获取更新，比如，它是一个向用户展示广告的应用，并且每隔一秒就需要为用户展示新的广告。尽管很多的用户觉得这样的广告非常令人厌烦，但是这样的广告被发现存在于很多免费获得的应用软件中，并作为其中的一项功能。

对于应用软件来说，支持广告的一种简单的实现方法是每隔 1s 就从服务器上检查并获取新的广告。假设这是设备与外部网络之间唯一的通信，每隔 1s，当这种通信发生时，网络通信接口资源就需要被随之开启。假设 p_{on} 是资源开启时消耗的电量，p_{off} 是通信结束后资源关闭时消耗的电量，p_{ad} 是同远程服务器获得一条广告所消耗的电量。因此，每隔 1s 该设备所消耗的电量为 $p_{on} + p_{off} + p_{ad}$。

但是，应用软件还可以使用另一种方法，也就是每隔 10s 一次获取一组 10 个广告，再以某种顺序在接下来的 10s 内展示这 10 个广告，然后再获取另外的一组

10 个广告。在这种情况下，每隔 10s 该应用软件所消耗的电量为 $p_{on} + p_{off} + p'_{ad}$，其中 p'_{ad} 是检索这组 10 个广告所消耗的电量。通常情况下，p'_{ad} 将明显少于 10 倍获取单一一条广告消耗的电量。如果我们假设 p'_{ad} 是 p_{ad} 的 5 倍，可以看到，每隔 1s 消耗的电量将是 $(p_{on} + p_{off})/10 + p_{ad}/5$。这明显少于每隔 1s 获取广告时所消耗的电量。

图 11.3 展示了使用通信群聚时电池电量的利用情况，它与前面已经介绍的实例相类似。该图假设电池电量只有在通信产生期间才会被消耗。多次产生短时间的通信消耗的电量比不频繁地发生通信消耗的电量要多很多。尽管产生的较长时间的通信过程要比单个短时间的通信过程消耗更多的电池电量，但是通信群聚有助于降低整体的电量消耗率，从而使电量的使用更加高效。

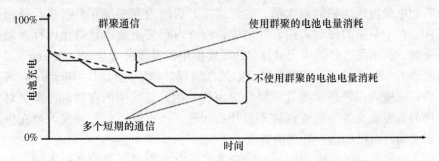

图 11.3　群聚对电池电量的影响

与通信一样，计算功能也是调用计算机上处理器资源的活动。对于一个应用软件来说，如果它能够对自己的计算进行管理，使大量的计算在一个小的突发时间内完成，从而让自己保持长时间的睡眠，那么就可以让处理器关闭更久的时间，从而减少对电量的消耗。

通信与计算群聚是一种技术，应用软件开发人员可以用其构建他们自己的系统。在移动设备上管理资源的任务属于资源管理器，它需要为每一个资源做出恰当的决策。但是，每一个试图群聚它的计算和通信的应用软件会为资源管理器提供更多的机会，来优化对资源的操作。

在资源管理器本身，对各种活动的群聚被转换成一种调度资源使用的有效策略。资源管理器能够结合来自所有资源消耗者的请求，确定唤醒资源的最佳时机并利用这一资源。此外，资源管理器还能够确定如何将各种不同的请求放在一起进行批量处理，从而使其能够以最为节能的方式由资源本身所执行。

11.5　高效的资源利用

作为资源消耗者的应用软件是驱动资源使用工作量的产生者。当应用软件对移动设备上各种不同资源进行请求时，它们会构建它们自己以便它们可以使用一种有效且智能的方式使用这些资源。应用软件对资源的正确使用在系统效率方面发挥着关键的作用。

为了实现这一目标，应用软件应当被编写使其能够以最小的时间量占用其所需的资源。如果某个资源不是立即需要的，它应当被释放掉，以便它的资源管理器可以在没有任何其他应用正在使用该资源时，自由地降低其管理的资源所消耗的电量。例如，带有多个不同存储模块的处理器，这些存储模块可以根据自己是否被使用而彼此独立地关闭或开启。具有低效内存管理的应用软件，在大量分配给它的内存没有被其所使用时，会迫使这些内存模块始终保持开启状态并消耗电量，即便它没有用处。在这种情况下，如果应用软件内存泄漏，那么分配给它却没被使用的内存量就会随着该应用软件的运行时间而不断地增加，相应地内存模块消耗的电量将达到它的最大值，尽管这些开启的内存模块并没有执行任何有用的工作。对于节能的移动应用软件来说，检查内存使用效率且避免内存泄漏是至关重要的，在编写这样的应用软件时，需要使用编程语言（例如，Objective C++）编写明确的、显式的内存管理功能。如果在编程环境中运行时（Runtime）在其自身上负责完成内存管理功能且不允许应用软件执行显式的内存管理，那么对于移动应用的开发者来说内存管理将不是什么问题了，也就不需要开发人员在应用软件中明确编写自己的内存管理功能。

除了只使用必需的资源外，应用开发者还应当考虑可用的各种不同资源的利用率，从而使其能够以一种合理的利用率请求资源。例如，我们来考虑一个多线程的应用，该应用使用多个线程执行它的功能。在一个简单的测试应用中，开发者可以创建大量的线程，例如，线程数量高达底层操作系统或硬件能够支持的最大并发线程的数量。但是，如果这些线程中很多都是空闲状态，那么大量的时间就会花费在完成所需的内务处理程序上，以用来管理这些大量的活跃线程。应用软件开发者可以考虑随着应用软件上工作量的增加而创建新的线程，从而替代那种预先分配大量线程的做法。这可以让应用软件变得更加节能。

应用软件开发人员必须考虑使用那些能够提供更加高效的方式执行相同功能的操作系统或硬件功能。如果应用软件能够使用异步的事件通知能力，那么它将比使用那种定期唤醒检查事件是否发生的方式要好得多。在一般情况下，对于应用软件的开发，如果一个功能可以使用操作系统或底层中间件来完成，那么对于应用软件开发者来说，直接使用这一功能要比自己开发实现同样的功能，在能耗方面要高效得多。

11.6 应用软件电源效率最佳做法

出于移动设备中电源管理的重要性，许多创建节能应用软件的最佳做法可以在相关技术文献[56-58]中被发现。这些最佳的做法出于各种原因被研发出来，其中的一些原因与电源效率方面并没有什么关系。然而，这些参考指导中很多都提供了切实可行的做法，按照这些做法编写移动应用可以最大化提升电源效率。在本节中，我们将综合考察各种最佳做法，并选取其中对应用软件电源效率最有影响的那些做法进行介绍。

11.6.1 最佳做法 1：设备应用与内容最小化

在设备上，应用软件所需的资源会对需要使用资源的数量产生显著的影响，这反过来会驱使电源效率的变化。移动应用可能需要各种内容，包括图像和数据文件。由于很多移动设备的屏幕尺寸有限，无法在保证图像质量基础上为用户提供清晰的大图片应当被按比例缩小，以便让它们变得更小。同样，在本地存储和创建的文件大小应当被保持尽可能地小。降低对移动设备上资源的使用量有助于使应用软件更加节能。

11.6.2 最佳做法 2：服务器端能力使用最大化

对第一种最佳做法的补充方面是根据需要尽可能多地使用服务器端能力。大多数移动应用与服务器配合工作，尽可能多地将移动应用的功能转移到服务器端，可以很好地改进移动设备上的资源消耗和电源效率。

这样利用服务器端能力的一个例子是辅助 GPS 的使用。GPS 在移动电话上通常是一种非常耗电的功能。在辅助 GPS 中[54]，需要确定位置的很多计算被转移到了一个服务器上，由服务器执行这些计算，从而降低移动电话所需的处理和电量。

另一个常见的使用服务器端能力的例子是对移动设备功能的检测。假设有大量可用的移动设备，在基于 Web 的应用中检测设备的类型和特性是相当常见的，设备运行这种应用，然后对它的运行和显示进行恰当的配置。这种检测可以在服务器端完成，例如，通过使用发送的 Web 请求中的一些字段，检索应用软件确定各项配置，或者也可以在移动设备上实际运行的应用软件上完成这种检测。相比之下，从节能的角度来看，前者要比后者具有更高的电源效率。

11.6.3 最佳做法 3：批量处理网络请求

大多数应用软件需要通过网络发出请求，从服务器上获取信息和资源。在大多数的情况下，如果将这些请求孵化在一起，从而尽可能少地发出单个或少量的请求，那么它将会节省电量和网络带宽。网络请求孵化是在本章前面讨论的通信群聚的一个实例。

11.6.4 最佳做法 4：应用行为自适应

在多活动量期间，应用软件需要执行那些有用且高效的行动，而在应用软件中对工作完成没有作用的行动则没有必要继续执行。在很多情况下，花费在这些行动中的时间量可以根据工作量进行调整，从而做出恰当的调整使系统能够以最为节能的方式进行工作。

此类行动的一个例子是轮询服务器来监视任何可能发生的变化。应用软件可以根据服务器上信息变化的速率自适应地调整轮询的周期，从而取代设置固定的周期让应用软件轮询服务器获取变化。此外，应用软件可以将确定轮询间隔的任务委托给服务器（使用最佳做法2），以便最小化移动设备上的资源消耗。

在本章前面的内容中，我们看到了使用该做法的一些其他实例，例如，应用软件以一种动态的方式决定在系统上使用的线程数量，而不是以静态的方式预先选取线程数。

11.6.5　最佳做法5：最小化屏幕亮度设计

在当前的移动设备上电量消耗者中的大户是设备上使用的屏幕。在所有设备中，只要将屏幕亮度调到尽可能低的级别，那么与使用更高级别屏幕亮度运行的设备相比，可以看到在电量使用中，两者之间存在显著的差异。功能完好且不会给用户体验质量带来过多影响的应用软件有助于最大化系统的电池电量使用寿命。应用软件设计师可以使用各种技术实现这一目标。

如果应用软件在它用户的输入和显示中使用的文本具有相对于背景颜色更高的对比度，那么这些文本即便是在昏暗的屏幕上也会显示得更加明显。同样，如果应用软件在其设计的过程中为每个单独屏幕的显示选项都设置一个最低的级别，而且每个选项也可以调到更高级别，那么就可以在昏暗的屏幕上实现更好的可读性和可视性。使用一种能够改进可读性的好的字体，也能够增强用户在昏暗屏幕上操作应用软件的能力。

11.6.6　最佳做法6：当前设备上下文感知

可将移动应用编写成能够在很多不同类型的设备上工作，这可以被使用在很多不同的模式和方式中。移动应用上下文标识了它正在运行的环境，例如，移动设备显示屏幕的尺寸和它的操作系统等。除了这种基本的上下文理解外，人们还可以设想出应用软件应当感知的其他上下文方面。从参考文献［58］中，可以看到有关上下文的一组定义，以及一些上下文感知应用软件的例子。其中一些有关上下文的其他方面包括对移动设备当前电池电量级别的感知和对设备具有的网络连接的性质的感知。

如果一个应用软件可以在不同的模式下运行，那么它可以根据设备上电池的剩余电量选择运行模式。例如，应用软件可以控制它轮询服务器获取信息变化的频率。如果应用软件发现电池电量较低，它可以让轮询间隔变得更长；或者如果它发现电池电量已经降到低于临界阈值，那么它就会停止它的网络交互。同样，应用软件还可以根据对设备上剩余电池电量的考虑，决定它可以并发地保持多少活跃的线程数量。

上下文所指的另一个方面是设备的当前连接。如果应用软件检测到它的网络连接使用的是移动设备的 Wi-Fi 接口，那么与它仅被连接到蜂窝移动网络数据接口相比，它就可以进入到一个不同的运行模式。在一般情况下，与蜂窝移动网络连接相比，Wi-Fi 网络连接能够提供更高的带宽，而且在很多情况下，Wi-Fi 网络具有更低的接入成本。在这种情况下，应用软件可以将更多的处理功能和能力转移到网络中的服务器上，从而节省电量。

上下文的精确操作，以及如何精确地利用上下文用于节能，将主要取决于应用软件的特性。然而，设计能够感知上下文的应用软件有助于显著地改善它们的电源效率。

第 12 章 移动应用带宽效率

在本章中，我们主要关注创建高效带宽移动应用的主题。正如本书前面所提到的，在无线通信中，带宽是一种有限的资源，而且对于移动应用来说，在可预见的未来，带宽很可能仍然是有限的。应用软件开发者有能力控制应用的两个部分，即运行在移动设备上的部分和运行在后端服务器上的部分。因此，应用开发者对于实现能够在带宽受限的网络中确保应用高效运行的技术来说，具有独特的地位。

在现有存在的受限资源中，用于编写高效应用的很多基本的技术都不是新的技术。这些是应用开发人员在 20 世纪 60 年代分布式计算系统的早期阶段，通过大量的实践得出的，在那个时代，网络带宽和处理能力都是非常有限的。那时编写的分布式计算机游戏，通过电话拨号调制解调器使用极其有限的带宽，也能够运行良好。一些相同的基础技术可以在现代的移动软件环境中被重复使用，使它们能够以尽可能少的带宽使用量正常运行。

让应用软件具有更高的带宽效率，主要出于一个经济方面的诱因。在很多情况下，移动网络运营商正逐渐取消无限量的数据资费套餐，转而提供基于使用量的数据资费套餐。在这些情况下，让应用软件使用更少的带宽对于终端用户来说将更具吸引力。由于数据业务资费，带宽密集型应用对于应用拥有者来说将变得过于昂贵。或者，对这类应用的使用量将会降低，因为用户只会在连接到免费的网络时才运行这类应用，例如，当它们运行在用户家里的 Wi-Fi 网络中。对于应用使用者来说，那些过于昂贵的带宽密集型应用软件更有可能会被终端用户卸载掉。

12.1 预加载

预加载是在设备上下载并安装应用软件时，下载运行应用所需数据的主要部分的方法。很多联网的多用户计算机游戏使用这一方法为用户提供精彩的可视化界面，尽管该游戏运行在相对较慢的拨号链路上。图标、图像，以及其他在应用软件中会增加带宽消耗的对象，在应用软件安装时被下载。当游戏被激活时，只有数据量相对较小的状态改变通知需要被交换，例如，在模拟游戏世界中不同用户的位置更新数据。这会降低应用软件所需的带宽使用量，同时还能降低在不同用户之间同步游戏状态时所引入的延时。

同样的技术还可以被用在现代的各种应用中，包括但不局限于现代的游戏。应用软件所需的大部分信息可以在安装该应用时下载，而只有应用软件所需的周期性的小片信息通过网络与服务器进行交换。

在很多移动设备上，完整地安装应用软件未必可能，因为移动设备上的可用资源是有限的。在这些情况下，人们需要使用本章将要介绍的其他的一些技术。

12.2　通信群聚

上一章讨论的通信群聚作为一种技术，可以让应用软件更加节能。除了这方面以外，将各种不同的网络群聚在一个大的批次里还具有一种潜在的优势，即可以让应用软件更加节省带宽。

带宽效率的提升源于一个事实，即以字节交换的所有网络通信被关联到一个首部开销上，也就是所有的这些网络通信组合在一起共同使用同一个首部。在所有通信交换中，运行在移动设备上的应用软件和服务器上的应用组件需要交换一定数量的数据，这是需要交换的有用数据。然而，每次交换也需要发送和接收底层协议所需的额外字节数据。这些额外的字节并不被应用软件所使用，但又是产生通信所必需的，它们是与数据交换相关联的负载开销。

假设你正在编写的应用软件每秒需要交换 1000B 的信息。为了让该信息能够被发送，应用软件需要在移动设备与后端服务器之间建立一个通信会话。建立过程需要交换少量的开销字节。一旦会话建立，这 1000 个有用的字节需要被封装到协议数据单元，并且这些数据单元有它们自己的额外的首部，而这些也是被传输的开销字节的一部分。

现在，假设你可以对这些信息交换进行群聚，从而使应用每 10s 交换 1 万个字节的信息。其中，开销字节仍然与之前一样，除了有用的应用数据量变为之前的 10 倍。这降低了通过网络交换的净字节量，而应用中交换的有用数据字节的数量是一样的。

可以被群聚的通信的范围取决于应用软件的性质和它的通信需求。如果应用软件交换的数据不是时间敏感的，那么它就可以很容易地被群聚，而不会对应用软件的功能产生影响。相反，如果数据需要在特定的时间期限内被获取，那么它将会对可以进行群聚的通信数量产生约束和限制。

另一种可以与通信群聚结合使用的技术是节流。通信群聚可能需要大量的通信在一个突发的时间内同时产生。节流则限制了多大的网络通信率会被应用软件所支持。这种限制可以被用来设定各种网络通信请求的优先级，也就是设定网络通信请求在任何时间应当被发送的优先顺序。

12.3　上下文感知通信

本章到目前为止，我们认为所有的网络通信都是同等的。然而，对于用户在成本方面，或是在信息交换的速率方面，并不是所有应用软件交换的带宽类型都是相同的。它通常取决于通信所在的上下文，这里的上下文可以被定义为应用软件出现的环境，包括它的位置、当前的环境和对应用软件的使用[59,60]。例如，对于使用家中个人 Wi-Fi 接入的用户来说，当连接到家中网络时，所有交换的信息都是免费的，而基于使用量的费用则与蜂窝通信数据接口上交换的字节相关联。在这种情况下，连接的性质定义了这种信息交换的上下文。感知这种上下文，也就是当前的连接性质，可以有助于应用软件做出有关优化带宽使用的明智选择。上下文的概念比只谈网络连接的类型更具有一般性。上下文可以包括所有用户的属性、设备或设备的当前状态，例如，用户的位置、用户的运动轨迹，以及一条信息需要被交付给用户的时间。

可以感知通信上下文的应用软件能够优化信息交换使用的带宽，以适应预期的费用或电量预算。上下文感知通信使应用软件能够得到异步传送的信息，也就是，在网络能够传送时交付信息，而不是在被用户请求时就交付信息。有几种基于异步传送的上下文感知通信的方法在相关学术文献[60-62]中已经被人们所提出，尽管这些方法还没有被广泛应用在商业领域中。

12.4　离线操作

一些移动应用被设计可以让用户在移动设备没有连接到后端服务器时也能进行操作。例如，一些电子邮件应用软件可以让用户撰写邮件给其他用户，尽管连接已经断开。发出的电子邮件被保存在移动设备上，直到网络连接建立，然后被传送到服务器端用于后续的交付。

能够提供离线操作模式的应用软件可以利用对所有网络通信任务的保持，直到网络连接建立，然后把所有这些通信任务放在一个大的群聚中执行。从本质上来看，应用模式从离线模式到连接模式的转换是一个批量处理通信请求的触发点。

用户可以执行离线操作，手动决定应用软件应当运行在哪一个模式中，是连接到网络，还是处于离线模式。然而，这种应用软件运行模式的决策也可由系统自动完成，例如，通过确定移动设备的上下文，选定一组预先定义的规则：应用软件在指定的时间应当使用连接模式还是离线模式。当操作模式从离线切换到连接模式时，群聚通信的请求会被发送到网络上。只要应用软件支持离线和连接两种操作模式，它就可以用所选的转换次数在不同模式的转换中自己优化网络通信。

12.5　缓存

在移动设备上缓存内容对于某些类型的应用软件来说，是一种降低在网络上所需带宽量的有效方法。当缓存时，移动设备上的应用软件将一些可能需要经常被访问的数据存储在应用软件自身的一个本地缓存中。

在移动设备上缓存在概念上类似于在中间代理上缓存，但它具有一组不同的特征使其具有较高的效率。在一个中间代理上的缓存会被很多不同的移动设备用户所访问，并且用户共享缓存的数量越大，同一个资源被再次访问的可能性就越大，从而增加了该缓存命中的概率。相反，单个移动用户的缓存将只被一个人所使用，因此，源于大量用户数量的缓存性能增益也将无法实现。

但是，应用软件编写者拥有更多关于他们的用户可能希望的访问模式类型的知识，并且这些知识会让他们更好地决定哪些内容可被缓存。中间缓存代理有可能被用在一些常见的应用协议上，而应用级别的缓存则可以被用在那些不太常见的协议上。类似地，在安全协议［例如，安全套接字层（Secure Socket Layer，SSL）或传输层安全（Transport Layer Security，TLS）］上产生的应用软件信息流，不能被网络上的中间代理缓存，而只可以被移动设备上能够解密该内容的应用软件所缓存。

移动设备上缓存的有效性高度依赖于应用软件的性质和设计。但是，缓存是一种有用的方式，尤其对于某些类型的应用软件来说，这种方式将会是非常高效的。

12.6　压缩

对需要通过网络交换的数据进行压缩是用在网络中，以及移动应用的应用软件与服务器部分之间的一种非常有效的技术。应用软件能够运用对自己行为的了解，以确定使用正确的压缩性质和类型。

在网络上传输内容之前，需要对内容进行针对应用软件的压缩。由于网络上产生的大量传输都是从服务器到移动设备的，因此压缩任务绝大部分落在移动应用的服务器端。这样做有利于那些在电量和资源方面经常受限的移动设备。对于大多数的压缩算法来说，内容压缩过程要比内容解压过程需要消耗更多的处理器资源和电量。

一些应用软件能够对压缩进行针对应用的优化，从而提供更好的压缩效果，而它们在优化之前是不可能达到这样的效果的。例如，应用软件可以决定是否能够对交换的部分数据使用有损压缩。压缩技术分为有损压缩和无损压缩。在无损压缩技术中，解压缩的内容能够从压缩的内容被完美保真地重新创建。而在有损压缩中，解压缩的结果无法实现对原始内容的完美复制，而会存在一些缺损。例如，视频压缩就是使用有损压缩降低文件的大小，因为在视频内容中一些更好的图像效果可以被丢掉，而不会产生任何能够被用户感觉到的质量变化。与无损压缩相比，使用有损压缩通常可以得到更好的压缩比率。可以很好感知内容的应用软件能够决定出在具体的情况下采用何种压缩技术。

　　应用软件也可以使用一些特殊的压缩类型，这需要在网络通信带宽与设备本身额外的处理能力之间进行权衡。例如，一个来自于多玩家联网计算机游戏的例子是使用航位推测。这样的游戏通常需要保持对游戏中每个不同玩家位置的跟踪。然而，使用航位推测的应用软件并没有从后端服务器上获取与它自己在同一区域内的所有其他玩家的精确位置，而是通过推测计算得出其他玩家在这一区域内的预期位置，这样就使得与后端服务器联系变得不那么频繁。只有应用软件的开发人员才能决定像航位推测这样的特殊技术是否可以适合于其应用运行的环境。

12.7　通信控制的影响

　　由于移动应用需要在蜂窝移动网络上发送它们的数据，因此在蜂窝移动网络中它们会不经意地产生通信量拥塞的问题，即便它们正在使用节省整个网络数据带宽的技术。在蜂窝移动网络中，移动设备与互联网之间使用一组协议交互建立连接，而这组协议的交互就被归类为通信控制。当移动设备开启或关闭它的网络接口时，它会产生一个通信控制的交互过程，通过该交互建立或取消连接。一般情况下，如果移动设备发现在网络上没有任何发送数据的活跃连接，那么它们将会关闭该网络接口。

　　移动软件的行为会在蜂窝移动网络上产生一些通信控制活动，而这会对无线网络资源和设备上无线网络接口的电量消耗产生显著的影响。通过对一些流行的应用软件[63]的研究，发现在这些应用中存在多种能够产生不必要的网络通信控制交互行为，包括定期获取具有极少数据量的信息、建立多个网络连接获取不同的文件，而不是在同一个连接上获取多个文件，以及建立大量突发性的请求等。该研究还发现，以一种相对低的比特率维持恒定的数据流传输速率从电量和通信控制的角度来看，是非常低效的。网络连接维持开启状态，但只以较低比特速率获取数据，对于所传输的有用数据内容来说，将产生更高的通信控制比率，从而导致资源的浪费。

　　改变应用软件的行为，以降低在应用级别上交换每个字节有用信息产生的通信控制流量，可以减少应用软件的电量消耗。在下一节中，我们将介绍一组应用软件可以使用的最佳做法，这些做法可以让应用软件在数据业务和通信控制方面具有更高的带宽效率。

12.8　改善带宽效率的最佳做法

　　正如上一章内容提到的，人们已经提出了很多用于开发移动应用的最佳做法[56-58]。在本节中，我们将结合从"移动应用资源使用分析：跨层方法"[63]等软件分析研究中得到最佳做法，以综合的视角，介绍各种用于改善应用软件带宽效率的最佳做法。

12.8.1　最佳做法 1：提供对网络带宽使用的用户控制

在很多情况下，网络带宽通信都不是免费的，一些应用软件的网络带宽使用量在一些情况下对于用户来说是非常昂贵的。例如，国际漫游数据传输速率费用与人们在国内呼叫区域的数据传输速率费用相比，是相当昂贵的。如果一个应用软件在用户正在国外旅行时执行类似获取软件版本更新的操作，那么它会给该用户带来大量的数据流量使用费用。为了不让用户承担意料之外的网络带宽消耗所产生的数据流量费用，一种最为直接的策略就是让用户可以控制应用软件在何时产生网络通信。

12.8.2　最佳做法 2：外部资源最小化

如果应用软件没有需要访问的外部资源，那么网络通信就可以被避免。因此，最小化移动设备之外的需要访问的资源量，有助于减少网络带宽通信。在应用设计时，人们可以这样构造应用软件，即让大部分的资源在该应用软件安装的过程中存储在移动设备上。在这种情况下，只有相对少量的网络交换需要在应用运行时产生。

最小化外部资源使用的做法有一个副作用，即它会增加移动设备上的资源消耗量。在应用软件的设计中，开发人员需要充分考虑网络带宽与设备资源消耗之间的权衡，从而决策出设备资源与网络资源之间的合理组合。

12.8.3　最佳做法 3：提高请求效率

如果应用软件能够以满峰值网络容量传输大量的数据，那么无论是在降低通信开销字节数量方面，还是在降低通信控制流量方面，网络通信都会更加高效。产生大量短小的网络请求，发送少量的数据，或只使用少量的带宽容量进行长时间的请求，会产生比所需更多的开销字节量。

将多个请求集合在一起的通信群聚，对非延迟敏感的请求进行孵化，以及使用一个请求获取大量的数据，都可以使网络通信变得更加高效。需要持续加载的流媒体应用比具有较长周期且以高数据传输速率定期突发获取信息的应用要高效得多。

12.8.4　最佳做法 4：合并数据对象

当需要从服务器端获取多个网络资源时，将它们组合成一个大的对象再进行获取，会更加地高效。在获取多个对象时，应用软件应当将它们组合成一个更大的对象再进行获取，而不是每次只获取其中的一个对象，进行多次获取。多个对象组合成一个对象的工作可以在服务器端完成，客户端在获取该组合对象之后，再通过它重新创建单个资源。如果一个应用软件需要多个图像文件，那么将它们组合成一个单一的文件，然后再让客户端从该文件中提取各个图像文件，将具有更高的效率。一些新闻网站需要显示图像缩略滚屏。对于它们来说，将所有图像放在一个文件中进行获取要比每次获取一个图像更加高效。

多对象组合成单一对象的另一个优势，源于移动设备上对象下载的特性。对于移动设备来说，为每一个对象创建一个 TCP 连接，然后依次地在每个新开启的 TCP 连接上获取对象，是非常低效的。相反，如果移动设备通过同一个 TCP 连接获取所有的对象，那么它的效率将更高。

12.8.5 最佳做法 5：避免低效的重定向

一些在移动设备与服务器之间的网络交互类型是相当低效的，因为这类网络交互往往以突发的方式产生较短且数据传输速率较低的数据交换。HTTP 重定向就是这类网络交互的一个例子。很多采用 Web 应用模式编写的移动应用往往使用 HTTP 的这种功能决定客户端应当连接的正确位置。然而，这种重定向会让客户端建立新的连接，而这会导致在蜂窝移动网络上产生额外的数据流量开销和额外的通信控制流量。应用软件开发人员不应当通过 HTTP 重定向使移动设备连接到另一个网站，而是应当在服务器端实现一个代理，使用该代理从期望的服务器上获取信息，然后再将结果发送给客户端。这将会节省客户端的电量和网络带宽。

12.8.6 最佳做法 6：交换数据的压缩与最小化

在任何需要通过网络交换数据时，将有用数据压缩并最小化到尽可能少的数据量，都是一种非常好的做法。在很多基于 Web 应用的情况中，如果放置在内容中用于维持内容的可用性和可读性的文本（例如，注释或空格）能够在移动设备上被自动地处理，那么它们就可以被移除。同样，精心设计应用软件的功能可以降低需要交换的信息量。数据对象可根据作为访问设备的移动设备的特性进行压缩，同样视频内容也可根据这一特性进行下采样。

12.8.7 最佳做法 7：善于使用 Cookies

Cookies 经常使用在基于 Web 的应用中，用于在移动设备上存储用户个性化的信息。如果没有对 Cookies 进行正确的管理，那么存储在 Cookies 中的信息会变得非常大。虽然这在笔记本电脑或个人电脑上不是什么问题，因为它们有良好的网络连接条件和充足的资源，但是当带宽资源非常稀缺时，这会消耗大量的网络容量。不要在客户端上存储大量的 Cookies，而是应当将它们存储在服务器端，相比之下，后者是一种更好的选择。可以在客户端的 Cookies 中存储较小的索引信息，通过这些索引查找存储在服务器端的相应条目，从而获取更加详细的信息。

Cookies 通常用来存储需要交互的域名或站点信息。当和网络资源受限的移动设备进行交互时，最好的做法是尽可能严格地共享这些 Cookies 信息。通过这种方法，才能使发送到被访问的站点的 Cookies 数量尽可能地少，从而避免不必要的 Cookies 交换。

12.8.8　最佳做法 8：使用智能缓存

缓存经常需要使用的内容是一种绕过通过网络访问内容的好方法。应用软件经常需要访问的资源可以被缓存在移动设备上，从而避免从网络上反复地获取这些资源。应用软件可以智能地决定在本地缓存的元素，以最大限度地改善用户体验并最大限度地减少网络通信。

有时，同一个对象可以用不同的名称进行访问。如果应用软件意识到被访问对象名字中的这种别名的类型，那么它应当使用指纹信息决定目标对象是否在缓存中，而不是只使用该对象的名称。指纹信息可以通过计算对象内容的散列得到，然后将它与存储在缓存中的各个对象的散列值进行比较，从而确定目标对象是否存储在该缓存中。尽量保持内容的指纹信息可以提高缓存的效率。

12.8.9　最佳做法 9：上下文感知通信

上下文是移动设备运行的环境，包括比如移动设备的位置、移动设备当前的网络连接、移动设备当前的电量水平，以及移动设备当前的使用模式。理解移动设备的上下文，并用其控制网络通信，可以显著地节省带宽资源。

如果应用软件发现它所连接的网络带宽容量有限，那么它就可以切换到一个较低分辨率的通信模式，或者切换到离线操作模式。同样，如果应用软件发现它的网络连接来自于 Wi-Fi 媒介，或是来自于国内呼叫区域内的蜂窝移动网络接口，再或是来自于国外漫游区域内的蜂窝移动网络接口，那么相应地，它会为自己选择不同的软件行为。

类似地，应用软件还能够判断出自己当前是否正在被用户操作。如果用户正在使用应用软件，那么该应用软件在与后端服务器联系并获取信息的频度，要比该应用软件没有被使用时更加频繁。如果用户刚离开对应用软件的操作，那么该应用可能希望延长轮询间隔以节省网络带宽。根据用户在应用软件上的活动状态（这属于上下文扩展概念部分），调整应用软件的行为，可以让应用软件具有更高的带宽效率。

第 13 章 企业移动数据问题

企业是移动数据生态系统中的一个重要的组成部分。企业用户是移动设备的消费者，企业的 IT 部门又负责在移动设备上为它们的员工和客户开发与部署应用软件。移动设备的增长已经给很多企业带来了变革性的影响，让它们可以用一种更新且更为经济的方式实现更多的功能。任何有关移动的讨论如果没有涉及移动数据对企业影响的内容，那么它都是不完整的。

在本书中，大部分的章节已经讨论了移动数据的增长问题，讨论了与移动网络业务相关的通信挑战和移动设备增长所带来的机遇。在企业用户看来，数据增长对他们来说并不是一个重要的问题。其他问题，例如，安全问题和多样性设备管理，才是企业更加关注的问题。

带有无线接口的移动设备，既可以使用蜂窝通信技术（UMTS/LTE/CDMA等），也可以使用 Wi-Fi（IEEE 802.11）技术。在大多数现代的设备中，这两种通信接口类型都可以被支持。与蜂窝移动数据网络相比，Wi-Fi 能够支持更高的网络带宽，并且只要 Wi-Fi 网络可用，用户通常都会切换到 Wi-Fi 网络连接上。用户更愿意切换到 Wi-Fi 网络的原因主要是在 Wi-Fi 网络上发送的数据通常不包含在大多数运营商提供的数据套餐中的数据流量部分，也就是不需要向运营商支付数据流量费用。在大多数的企业中，Wi-Fi 网络无处不在，并且只要企业员工在室内，它们就会切换到 Wi-Fi 网络上。

由于 Wi-Fi 网络的使用，移动数据的增长还没有引起企业大量的关注。虽然移动设备的增长确实需要企业的 Wi-Fi 网络具有足够的容量，但是通过引入额外的访问点对网络设施的升级并没有给大多数企业的 IT 预算带来显著的负担。然而，对于企业用户来说，却存在一些其他的更为紧迫的问题。

在本章中，我们首先列举一些由于移动设备的引入为企业所带来的问题，然后再介绍一组用于解决这些问题的技术。

13.1 与移动有关的企业问题

在企业中，使用移动设备所带来的最为显著的问题可能是数据安全。通常，企业是以商业活动为目的的，例如计算机或其他消费产品制造、商品生产与服务提供，或者其他类型的经济活动。几乎在所有的企业里，都存在需要保密的敏感信息，不能落入未被企业授权的人手中。由于移动设备更容易被丢失，对设备的访问容易落入他人手中。因此，企业需要有足够的措施，管理与移动设备有关的敏感信息安全，即便移动设备已经落入他人手中。

很多企业都已经存在了很长的时间。其结果是，它们往往已经拥有相当大的 IT 设施，用来处理它们的业务。随着移动设备逐渐变得无处不在，企业需要计划如何将它们现有的软件应用和服务提供给移动设备用户。对移动设备访问现有应用支持的启用是与企业面对与移动数据有关的另一个大的问题。

大量移动设备的引入会给企业的网络设施带来一定的负担。处理这些负担的技术也与企业的客户有关。这些设施所面对的挑战包括，确保足够的网络连接用于移动设备，以及恰当地管理移动空间中大量产生的移动设备的类型和大量的应用软件的数量。企业需要经常让它们的 IT 部门为其员工提供设备（包括移动设备）管理和支持服务。管理这些设施面临的挑战是移动设备中的一个重要的方面。

移动设备的增长与普及有可能颠覆很多企业现有的业务流程。通过对这些企业中与移动应用有关问题的处理，企业就可从这种颠覆性的变革中获得经营效益。

13.2　安全问题

在企业环境中，与使用移动设备有关的安全问题主要被分为两大类：设施安全和数据安全。设施安全涉及有关确保移动设备或移动设备对企业资源访问安全的问题，而数据安全涉及有关确保包含在移动设备中的企业数据安全的问题。

没有万无一失的安全措施，它们只能增加攻击者或不法人员从事侵害企业利益行为的难度。几乎所有的安全机制都能够被攻击者破解，只要有足够的资源。这些资源包括计算能力和为攻击者工作的智囊团。所有的安全措施在计算、移动设备电池使用和带宽消耗方面都需要使用大量的资源。使用移动设备可以为企业带来一定的商业价值，但也会导致信息泄露风险的出现，因此，对于所有的企业来说，恰当的安全措施可以将这种引入的风险降低到企业可以接受的程度。本节介绍的这些安全措施，强调的是对这些泄露风险的降低，而不应当被看作是确保绝对安全的方法。

13.2.1　设施安全

设施安全包括确保设备和设备对企业网络中服务器与应用访问的安全。设备安全包括检测移动设备上安装的应用中没有包含恶意软件，以及从移动设备上访问企业内部网络方法的安全性。恶意软件是一种用户预期之外地出现在移动设备上的软件，并且能够造成危害，包括消耗不必要的资源，获取密码、信用卡信息或其他敏感的信息，并把它们发送给其他未授权人，或是在网络中的其他计算机上发起攻击。在设施安全中，使用移动设备所带来的问题并不是一种新的问题。同样的问题也出现在笔记本电脑的使用或允许使用家用电脑远程访问企业资源的情况中。其中，唯一的不同在于这一范围扩展到了具有新操作系统的新型设备上。

设施安全面临的第一个挑战是确保移动设备是安全的，从这个意义上来说，也就是要确保安装在移动设备上的应用没有包含病毒或其他类型的恶意软件。病毒通常与个人计算机和笔记本相关。它们不太会对移动电话和平板电脑产生威胁。移动设备类型的多样性有助于降低单个病毒所造成的威胁。但是，移动设备无法对恶意软件具有免疫性。目前，在流行的操作系统平台上[64]，已经存在40多种已知的移动电话病毒案例。随着移动设备逐渐成为用户主要的网络接入方式，人们预计将会出现更多针对移动设备的病毒。

移动设备的操作系统存在多种用于提高移动应用安全性的内置机制，例如，读者可参阅参考文献［65］。然而，在一些复杂的软件中仍然会存在可被用于恶意攻击的机会。而恶意软件会试图利用这些机会，例如，系统实现中可能存在的bug。除了一般的操作系统安全机制外，移动设备通常使用用户权限的概念防止恶意软件的扩散。在安装过程中，应用软件会向用户要求访问各种资源的权限。然而，由于应用软件开发者并不总是谨慎地设置应用所需的权限，而是选择请求比应用实际运行所必需的权限要多的权限数量，而且用户总是任意地赋予应用软件权限，因此这种权限机制只能有限地防止恶意软件的扩展。

操作系统开发商使用的另一种机制是，在允许应用软件可从应用软件商店下载之前，使用一种广泛的审查过程审核出那些可疑的应用软件。这种审查过程可以有效地去除一些恶意程序。然而，一些恶意程序仍然会混在应用软件商店中，并且通过审查过程中执行的各种检查。

与个人计算机上的病毒软件一样，对于移动设备，也存在各种类型的病毒软件。它们寻找恶意软件的存在，其中一些检查可使应用遭受潜在恶意软件影响的安全漏洞。并不是所有软件市场的杀毒方案都能奏效，这是因为操作系统上的各种限制（比如，Android操作系统）使软件市场的扫描器难以检查其他应用软件中存在的问题[66]。但是，用于检查潜在漏洞模式或验证应用是否要求过多权限的应用，可以为用户提供一些有帮助的与潜在漏洞有关的指导意见。

企业可以通过定义相应的政策和指导意见，规定一组能够被安全地安装在移动设备上的应用软件提供给它们的用户使用，减少不安全的应用软件对他们造成的影响。此外，它们还可以使用应用软件扫描系统检测出各种潜在的漏洞。

设施安全的另一方面是确保从移动设备到企业设施访问的安全性。在这种情况下，整个环境类似于从家用计算机远程访问企业设施的情况。人们通常使用在移动电话与企业内部网络之间建立安全 VPN（Virtual Private Network，虚拟专用网）的方法，提供基于移动设备访问的安全性。VPN 可以提供一种安全企业设施的方式。在这一方面，用于移动设备的 VPN 访问与笔记本电脑上的 VPN 访问之间没有什么区别。

13.2.2　数据安全

使用移动设备开展企业日常业务有诸多好处。业务可以在移动中进行处理，甚至当人们正在旅行时，只要网络连接可用，人们就可以在任何地方处理企业业务。然而，移动设备的使用也增加了敏感数据可能落入他人之手的风险。

每一个企业都会有一些敏感的数据，只能提供给具有适当授权的企业员工。敏感信息的具体性质取决于企业本身。比如，一些敏感信息包括客户的信用卡号码、员工的社会保险号码、员工工资单上的银行信息、新产品的设计规范，以及尚未面向公众发布的财务报告。在所有企业中，此类信息都被严格保密。通常，只有物理上存在于企业网络上的设备，或是使用 VPN 访问企业网络的设备，才能访问此类信息。

如果设备尺寸较小且便于移动，那么它就更容易丢失、放错地方或是被偷窃。一旦设备落入他人手中，存储在设备的信息就可能被泄露。信息丢失对企业造成的危害程度，取决于泄露信息的性质。敏感数据的丢失会让企业暴露在多种财务与合规风险之下。丢失存有新产品计划或公告的移动设备有可能会将商业秘密泄露给竞争者。丢失含有患者信息的移动设备可能会为医院或医疗机构带来严重的负面影响和重大责任事故。丢失含有客户敏感信用信息的移动设备可能会让财务公司陷入严重的业务困境。根据经验，一般情况下，企业无法承受遗失带有敏感商业数据设备对其所产生的影响。人们甚至可能认为，确保设施安全唯一的理由就是防止潜在的数据安全漏洞。

通过移动设备访问敏感数据时，主要有两种与之相关的威胁情况。第一种威胁情况是源于移动设备上的恶意软件。如果这种移动设备连接到企业的内部网络上，那么恶意软件就可能会获取一些敏感的信息，或者能够拦截下载到移动设备商的敏感信息。另一种威胁情况是源于设备的遗失。设备可能由于落在某处并被他人发现而落入他人手中，或者也可能被窃贼有意偷走。但不管在哪种情况中，实际占有设备者有机会接触到存储在该设备上的敏感信息。

接下来，我们来看一下，当设备上存在一些潜在的恶意软件时，能够保护企业敏感数据的一些方法。如果用户使用尚未被企业 IT 团队审核与分析的应用软件，那么恶意软件就很可能被下载到设备商。当设备被同时用于个人用途和处理企业业务时，这种情况会经常发生。在用于个人用途期间，人们可能会下载游戏、视频，或者其他类型的应用软件，而在这些软件中，隐藏有未被检测到的恶意软件的可能性非常高。经过审核并通过企业 IT 部门安全检测的业务类应用软件很少可能存在这种恶意软件。一种降低这种风险的方法是使用两部设备，一部专门用来处理企业业务，而另一部则专门用于个人用途。

如果个人有两部设备，其中一部只用于处理企业业务，设备中只包含企业 IT 部门批准和审核通过的应用，那么就不可能接触到恶意软件。使用这种设备访问敏感数据将是相对无风险的。

这种方法的问题主要是使用两个设备的不便捷性和与之相关设备持有的成本。实际上，人们更愿意使用同一个设备处理企业业务和个人用途。为了解决这一问题，人们可以使用其他的一些技术手段。

第一种方法如图 13.1 所示，即在移动设备上安装一个附属设备。这种附属设备或附件可被手机自身上的某个应用所访问。然而，该硬件设备本身就是一个微型的计算机，使用自己的权限和能力运行应用软件，只是简单地通过手机界面，以加密的方式将数据发送给企业服务器。敏感数据始终存在于该附属设备内。相比于移动设备的尺寸，这种附属设备要小得多，以便于用于随身携带。但不管怎样，这种附属设备仍然是一个实实在在的物理设备，用户在携带移动设备时，仍然需要再携带一部设备。

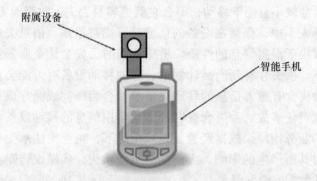

图 13.1　基于附属设备方法确保安全

第二种方法是使用移动设备管理程序。管理程序允许在同一个硬件设备上同时运行两个以上彼此之间完全分离的操作系统。管理程序负责确保同时运行在同一个实体硬件电话上的虚拟企业业务电话与虚拟个人用途电话之间的完全隔离，图 13.2 描述了这种方法。没有管理程序的授权，个人虚拟电话上的恶意软件无法取得任何业务虚拟电话上的敏感数据，这些未加密的敏感数据只有业务虚拟电话才能得到。这种基于管理程序的方法可以很好地使用在大多数的商业环境中，唯一面临的挑战是，一些移动电话制造商的设备可能无法支持这种管理程序。

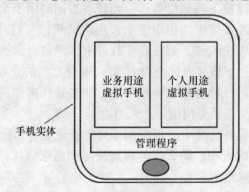

图 13.2　基于管理程序方法确保安全

对于这种管理程序的一种变通的方法，是使用操作系统为应用软件提供两种不同的运行环境，一种环境用于运行企业应用软件，另一种环境用于运行个人应用软件。适当改进的操作系统能够支持这两类应用软件之间的彼此分离，从而实现在同一个物理硬件上运行两种虚拟设备。然而，到本书编写时为止，尚且还没有一种主流的移动电话操作系统可以支持这样的系统。

第三种方法是使用专用的企业应用软件，以加密的格式将敏感数据存储在移动设备上。只有知晓密码的授权用户通过密码才能访问这些信息。恶意软件则需要窃取用户屏幕上显示的内容或用户输入时键盘上的回显内容，才能拦截到密码或未加密的敏感信息。这种敏感信息的存储方法为用户又增加了一种安全访问信息的方式。

第四种方法是让企业只提供一种远程显示界面应用，而使用该远程显示界面的应用实体则仍然运行在企业的服务器上。远程显示可以为用户提供一种同企业服务器上的应用软件交互的方式。但是，这些信息将永远不会离开企业的内部网络，除了用作移动设备屏幕上显示的短暂视频或图像。这种方法可以确保信息的安全性，但无法阻止具有屏幕收集功能的恶意软件。不过，当移动设备连接到企业内部网时，移动应用只能被用于企业应用。而且，这还会产生大量的网络负载，因为这需要从企业内部网络中的服务器上交换大量的带宽数据，图 13.3 对这一方法进行了描述。

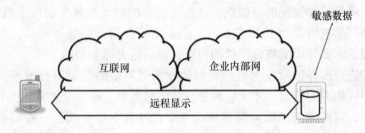

图 13.3　基于远程显示方法确保安全

敏感信息的泄露会对企业造成一定的危害，而安全方案的实施也需要消耗一定的成本。对于企业来说，需要在这两者之间进行权衡测试，从而决定出一种恰当的安全方法，用于确保信息安全。

现在，我们来看一下第二种威胁的情况：手机遗失。虽然，丢失的手机很可能已经被密码锁定，但是执着的攻击者仍然可能猜出手机密码，从而获得手机上的数据。对于企业来说，可以使用多种安全机制应对此类威胁情况。一些用在应对上一个威胁的机制，也可以在这种情况中使用。

首先考察一下前面介绍的各种机制对此类威胁的应对效果。使用分离的电话或附加设备无法降低此类风险，因为在用作个人用途时，这些设备一样很容易被丢失。同样，对于这种情况，单一地使用管理程序也是无效的，因为攻击者可以同时访问设备上的这两种虚拟电话。

将敏感信息保存在企业，只通过远程访问协议提供对这些信息的显示，对于这种威胁情况具有一定的有效性，这是因为一旦手机丢失的情况被上报给企业，企业就会立即切断远程显示界面对企业信息的访问连接。在手机丢失与企业切断该设备的远程访问之间，存在一个窗口期，在这段时间内，敏感信息仍然存在泄露的风险。如果用于远程访问企业的证书没有存储在设备上，攻击者则需要花费额外的时间破解这些证书，那么在该窗口期内敏感数据泄露的可能性就会被尽可能地降低，从而使该方法足以应对在大多数商业情况下的此类威胁。将敏感信息以加密的格式保存在手机上，对于这种威胁情况的应对，具有一定功效，但这种有效性的前提在于，攻击者无法破解所使用的加密格式。由于攻击者有充足的时间用来解密，因此需要使用其他技术阻止这种情况的发生。

第一种技术是，密码输错次数超过一定数量后自动擦除设备数据。如果设备已经使用密码锁定，这种方法可以减少用户密码输错的尝试次数。如果输错密码多次，例如，登录失败的次数超过 10 次，那么设备就会删除所有的信息，并恢复到出厂设置。这可以让合法用户在丢失或忘记密码的情况下，重新使用设备。

这种方法的缺点是，它让偷窃手机的人有机会将被窃的手机恢复成一部新的手机。为了降低这种情况的可能性，可在新设备的默认配置中引入手机追踪能力。这可以让每部手机自动将其状态上报给企业的资产管理系统。随后，企业可以检测到以未授权方式复用的被窃手机的位置，然后报警抓捕窃贼。

第二种进一步保护设备上敏感数据的技术是对敏感数据进行分割，只有集齐以下 3 个不同地方的信息，才能够解密这些敏感信息。这 3 个地方包括：授权用户输入的信息，这部分信息没有存储在设备上；设备本身存储的一些信息；从企业服务器上获取的信息，这部分信息只有当设备连接到企业内部网时才能获得。基于这种方法的典型做法是，先加密敏感数据，再将其分割成两部分，一部分存储在手机上，另一部分存储在企业内部网络中，并且只有当用户输入正确的短密码时，才能获取。秘密共享技术[67]主要应用在敏感数据加密和提取敏感数据的密钥中，以这种方式将敏感数据或密钥进行分割，从而提供额外的安全性。前面提到，在手机丢失和切断丢失设备与内部网的连接之间存在一段时间间隔，攻击者可以利用该窗口期尝试窃取敏感数据，而秘密共享技术可以有效地降低窗口期内敏感信息泄露的可能性。秘密共享技术还可以降低用户设备对网络连接的依赖，当用户设备已经获取了企业内部网存储的数据部分后，用户就可以在一段时间的离线模式下，实现对加密数据的访问。

通过对这些安全机制的综合使用，企业就能够将使用移动设备的风险降低到一个可接受的程度，从而可从日益增长的移动设备使用中获得商业效益。

13.3　后向兼容性

除了新成立的企业之外，大多数的企业都是在基于 Web 为用户提供服务的时代创立的。然而，随着移动设备的日益流行与功能的日益强大，如今很多传统的基于 Web 提供的服务和应用可以通过移动设备来访问。新应用的开发可以将关注点完全放在通过移动设备访问上来，而现有的基于 Web 的应用可能并不适合于通过移动设备进行访问。

现有的基于 Web 的界面不适合于用户通过移动设备进行访问的原因有多个[68]。虽然，现代的移动设备都配备了浏览器，但是移动设备上的浏览器通常存在两个问题：屏幕尺寸比普通笔记本电脑或个人电脑的屏幕尺寸要小得多；连接到蜂窝通信网时网络带宽有限。其中，屏幕尺寸较小的问题尤其棘手，因为只有降低移动设备的尺寸，才能便于用户出行携带。然而，只有增大移动设备的屏幕尺寸，才能便于用户使用。此外，移动设备与一般的计算机相比，在与用户交互方面还存在一定的差异，而这些差异会导致用户在与网站进行交互时需要面对更多的挑战[69]。

较小的屏幕尺寸会让用户在移动设备上难以阅读部分网页。网页顶部的标题栏或页面侧边的导航菜单是很多网站都具有的一种典型的特点，而这些需要在移动电话的屏幕上占用较多的空间，从而导致显示用户所需内容的屏幕空间过于狭小。如果网页没有正确显示，用户可能被迫在获取网页主要内容之前，向下滑动多个屏幕显示的页面内容。基于 Web 的输入形式严重依赖于文本输入，这对于具有较小屏幕尺寸的手机用户来说，增加了键入文本内容的烦琐程度和困难程度，因此可能不便于用户使用和操作。而且，即使是一些在计算机上非常简单的操作，例如，输入包含字母、数字和非字母数字其他字符的密码操作，在没有全键盘的移动设备上也会变得非常烦琐，因为用户需要在各种不同的虚拟键盘之间进行切换以输入所有所需的字符。

人们可将现有的网站和基于 Web 的应用进行升级，使它们更加适合于通过移动设备进行访问。与此类升级相关的唯一问题是升级所需的成本。中等规模的企业一般拥有很多不同性质的网站，将它们全部升级需要花费大量的投资成本。

考虑到成本的原因，企业可以只升级部分网站，然后在这些网站之间放置一个网络代理。该代理可以判定发起网站访问的设备的类型，然后将其重定向到原始的网站（如果访问设备是笔记本或个人电脑），或升级后的移动版本的网站（如果访问设备是移动设备）。对设备类型的判定通常由网页请求内包含在标准首部中的浏览器与用户代理描述字段中得出。此类重定向机制的优点在于，可以用对已有用户集无缝的方式，将更多现有的网站转换成支持移动设备访问的网站，图 13.4 描述了此类后向兼容方法的实施步骤。

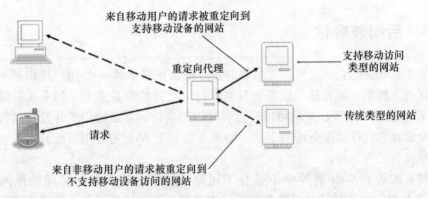

图 13.4　基于重定向代理机制的后向兼容方法

另一种降低网站面向移动应用升级费用的选择是采用转换代理，这种类型的代理可将内容转换成更加适合于移动应用的形式，如图 13.5 所示。这种转换既可以使用多个网页上通用的一组规则，也可以根据具体网站的内容分别编写不同的代码模块，来实现内容转换。在编写特定的代码模块实现内容转换时，这些模块有时被称为"微应用程序"。

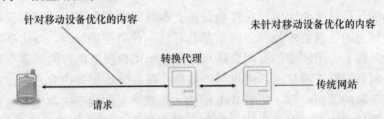

图 13.5　基于转换代理机制的后向兼容方法

上述这两种技术都可以用来作为一种过渡策略，以实现现有的传统应用对企业内移动设备的支持。

13.4　设施问题

随着企业中移动设备使用量的不断增加，一些亟待解决的基础设施问题逐渐显现。这些设施问题包括提供充足网络连接的需求和与移动设备应用及管理相关的各种需要面对的挑战。

在企业现有的情况下，移动设备使用量的大量增长可能会对现有的无线网络带来一定的压力，尤其对于在设计之初并没有引入对移动访问提供支持的站点来说，这种压力更为明显。在这些情况下，需要对网络设施进行重新设计，以确保为访问企业服务和服务器的移动设备提供足够的网络覆盖能力和带宽支持能力。在某些情况下，这可能需要对企业内网的连接链路进行升级改造。例如，如果一个企业没有足够的接入链路带宽，无法为将客户带到企业工作环境下的移动设备提供支持，那么企业可能需要对它们的链路进行升级，从而实现更高的接入带宽支持能力。

在企业中使用的移动设备可以是企业自己的设备，也可以是用户自己的设备。一些企业允许员工使用自己的设备完成工作，有时这被称作 BYOD（Bring Your Own Device，携带自己的设备）。当移动设备的所有权归企业所有时，企业需要设置一个系统，实现对这些设备位置的追踪，并且确定一组用于移动设备的应用软件，要求企业员工使用这组应用软件。企业还需要拥有足够的 IT 团队人员将这些应用软件安装到移动设备上，并且帮助企业员工解决在使用这些应用软件时遇到的各种问题，帮助客户在需要时对这些应用软件进行升级，以及制定各种管理移动设备与应用的规章制度。

在 BYOD 的情况中，企业也需要解决类似的有关移动应用的问题。企业 IT 部门可能需要制定有关用户在什么时间可以使用个人设备的规章制度，规定哪些合适的移动安全方法应当在这些移动设备上使用，以及帮助用户在他们的个人设备上安装访问其企业业务所需的应用软件。

在一些企业里，可能需要根据企业的具体需求定制移动应用的开发。这需要有一个开发平台，并选择一组支持移动应用的标准库，以及相应的调试、测试和部署移动应用的工具。

各种移动应用开发平台、移动应用管理系统和移动设备管理系统组成的集合被统一称为企业移动应用平台（Mobile Enterprise Application Platform，MEAP）[70]。MEAP 是一个松散定义的术语，它包括与支持移动应用所需设施有关的各种工具和技术。由于存在大量可选的移动设备、移动应用和开发平台，因此企业需要从中确定一个最适合其业务环境的 MEAP。

第 14 章　相关主题

作为本书的最后一章，我们将介绍一些其他的与移动数据增长间接相关的主题。本章将简要讨论这些主题，有关这些主题的详细内容请参阅参考文献。

相关主题包括 M2M（Machine-to-Machine，机器对机器）通信、物联网、参与式感知、移动设备对业务的影响、软件定义网络（Software-Defined Network，SDN）、移动至上理念和网络分析。

14.1　M2M 通信

移动电话和平板电脑的使用极大地带动了移动数据的增长。人们使用这些移动设备通过无线网络访问互联网上的各种服务。因此，这种通信是介于个人与计算机之间的通信。

然而，人们可以设想一下，用计算机取代通信中人的位置，也就是说，通信双方两个点都是计算机。在这种情况下，通信是介于两个机器之间的通信。要求通信在两个机器之间完成的这类应用被称为 M2M 通信。

M2M 通信的例子很多，包括智能电网中对家庭用电量的检测与控制、使用带有传感器的智能服装远程检测人员健康与生命体征，以及跟踪出租车与公交车的运行轨迹等。可能产生 M2M 通信的应用种类非常之多，几乎适用于人们可以想到的所有行业。

与人机通信相比，M2M 通信有自己的一组不同的特征。与人之间的通信方式在很大程度上受音频（例如，语音通信或音乐下载）、视频（例如，电影下载或互联网上的流媒体视频），以及基于 HTTP 网页浏览的支配。M2M 通信则很少使用音频或视频内容，而是使用远比 HTTP 更为高效的通信协议。M2M 设备同时使用小数据量形式的通信且通信的产生具有高度可预测性，例如，汽车或电表会定期上报其读取的数据。

M2M 通信使用与移动电话通信相同的移动数据网络。由于通信模式的不同，它们可能需要移动网络运营商为其提供不同的体系模式。但是，M2M 通信不会以任何明显的方式增加网络上交换的数据。

更多有关 M2M 的详细讨论，请参阅参考文献 [71]。

14.2　物联网

物联网与 M2M 密切相关，代表了一种模式，即互联网连接的不仅仅是服务器、计算机和移动设备，而且还包括所有的日常设备。物联网可以连接的设备包括咖啡杯、冰箱、汽车部件、微波炉，以及各种家用电器。人们可以设想出各种的物联网应用，例如，智能冰箱将主动产生食品订单以避免食品用完；与互联网上语音处理软件相连接的玩偶，可以具有一种能够与孩子交流的智能对话的功能；智能家居能够对你到家的时间进行预测，从而适当地调节恒温器以及其他家居舒适控制设备。物联网将提供一个整体的网络，涵盖各种 M2M 通信、基于移动电话的连接，以及目前没有连接到全球互联网中的其他类型的传感器网络。

物联网引入了大量的设备，这些设备的数量要比现有互联网中的设备数量大几个数量级。人们针对物联网提出了多种变体和架构[72,73]，通常用来处理各种问题。例如，不同设备的异构问题、大量移动设备处理中的可扩展性问题，以及从如此庞大规模的设备中处理和收集信息过程中的可扩展性问题。

当物联网实现时，将会导致现有数据量的大量增加，而这些数据量正是本书所关注的问题。不过，物联网也存在一些需要解决的其他问题，这些问题与本书关注的主题无关。例如，可扩展性、多设备联合，以及在多种日常工作计划间无缝切换。

14.3 参与式感知

一个与物联网相关的概念是参与式感知。目前部署的很多计算系统都需要从多个数据源收集信息。参与式感知指的是通过用户随身携带的移动电话收集大量的数据[74,75]。在现代社会中移动电话几乎无处不在，基于移动电话庞大的数量规模收集信息，可以提供一张巨大的感知设施网，从而让实时信息的收集具有前所未有的规模。

参与式感知收集信息的性质和类型取决于智能手机的感知能力。假设某个移动设备上可用的传感器只是一个相机，那么参与式感知就可以利用该传感器提供所在城市的当前快照。例如，城市马路上需要修复的水坑，或者城市的植被情况，以及其随时间变化的信息。如果移动电话上配有能够测量空气质量的传感器，那么参与式感知就可以跟踪城市中的污染情况，以便更好地追踪自然资源。

参与式感知指的是使用人们随身携带的移动设备上收集的信息。然而，使用智能手机进行非参与式感知也可以作为物联网或 M2M 应用的一种应用实例。如果人们需要快速地搭建一个面向广阔区域收集信息的设施系统，例如，你想要从 4 个位置中选择一个开一间零售商店，因此你想要搭建一个能够跟踪并记录这 4 个位置上人流量的系统，那么你可以使用固定在这 4 个位置上的移动电话，而不是使用经过定制的相机，来收集信息。这是因为，使用经过定制的相机，首先需要将它们一起连接到网络上，然后再创建一个能够记录过往人数的系统，整个设施搭建的过程需要花费大量的时间。相比之下，通过几个手机，让它们记录并将信息收集到一个中心位置，将是一种更为快捷地得到所需系统功能的方式。

14.4　业务的移动性变革

在很多公司和企业中，移动设备都有潜力为现有的业务开展方式带来颠覆性的变革。移动对业务产生的这种变革性的影响，在很大程度上会导致移动数据量的暴涨，而这正是本书所关注的问题。

在商业领域，各种类型的 IT 事务都需要使用由 3 个组件构成的基础设施，即客户端、服务器以及客户端与服务器之间的网络连接。在大多数的情况下，服务器位于企业所拥有的数据中心，使用的网络一般为企业自己运维的私有网络。客户端根据具体 IT 事务不同，彼此之间各有不同。对于零售商店来说，客户端可以是一个销售终端机。对于银行来说，客户端可以是一个银行职员操作的计算机或者是一个自动银行柜员机。对于快递公司来说，客户端可以是一个快递员扫描快递单用来跟踪快递信息的扫描机，并且使用的网络可以是蜂窝通信网，也可以是卫星通信网。当人们使用信用卡支付打车费时，客户端可以是连接到蜂窝通信网的信用卡读卡器。

用于业务操作的每一种不同类型的客户端设备都相应地会为使用者带来相关的购买、使用和维护的成本。使用者可以使用大量提供这些功能的智能手机。就像在 14.3 节中介绍过的，使用智能手机作为传感器。在这种情况下，使用智能手机替代目前用于处理各种 IT 业务操作的各种专用的客户端。由于使用智能手机取代各种专用客户端可以导致成本的降低，因此我们可以设想出，未来很多业务的 IT 事务中客户端的作用都会被移动电话上的应用软件所取代。根据业务具体性质的不同，移动应用可能运行在企业客户的移动设备上，或者也可能运行在企业员工的移动设备上。

这具有改变很多业务处理方式的潜力。客户移动设备上的应用软件可以用来支付在零售商店中购买的商品清单，客户只需在离开商店时安全核对一下购买清单。出租车乘客也可以使用数字现金应用支付乘车费用。很多银行也为其客户开放了使用客户移动设备上的移动应用办理多种银行业务的服务。快递公司也可以使用移动应用软件跟踪包裹，从而有效地减少专用扫描仪和跟踪器的使用数量。餐厅也可以使用基于移动设备的应用软件为它们的客户提供订餐服务，以及订单提交与订单跟踪服务。几乎所有的公司或行业都受到了使用基于移动设备应用取代专用客户端所带来的影响。

随着移动应用越来越广泛地在商业领域中应用，本书所介绍的这些技术将越来越好地适用于创建一个能够提供具有足够高的服务质量的移动业务的基础设施。

14.5　软件定义网络

SDN 是一种网络协议开发的新方法，明确分离了网络的控制部分与数据传输部分。在面向连接的网络中，用于建立网络连接的协议是由一组控制协议组成的。相反，数据协议是那些在用户之间用来传递信息的协议。在电话技术中，拨打电话与响铃呼叫通过控制协议完成，而实际的会话数据流则是数据协议来完成的。

这种网络控制与数据之间明确分离的通信协议主要是在早期电信公司通信协议的基础上演化而来的，例如，大部分的蜂窝通信协议。然而，在 TCP/IP 族中定义的各种协议并没有对网络控制与数据之间进行较好的区分。直到互联网语音电话（Voice over IP）业务的出现，导致了 SIP（Session Initiation Protocol，会话初始化协议）的发展时，才为 TCP/IP 族引入了第一个明确的控制协议。然而，IP 需要使用一组路由协议决定分组在网络中的路由方式。同样，该协议族内大多数常见的 MAC 协议，即以太网协议，也需要通过一组交换过程来确定相互连接的各个以太网交换机之间的树形结构，以实现它们之间的彼此通信。这些交换过程可以被看作是 TCP/IP 族的一种隐式的控制协议。

SDN[76] 能够以一种明确的方式将控制协议从 IP 和以太网中分离出来，并使用位于中心位置名为控制器的软件实现这些控制操作。目前，人们已经定义了一套标准的网络虚拟化技术协议 OpenFlow[77]，它可以让控制器为到达网络中交换机/路由器上的分组确定正确的转发行为。去除了大量的控制协议处理的交换机将变得更加简单。通过编写基于软件的扩展程序，可以实现控制器对新的分组转发技术的引入。因此，通过在中心位置编写的软件应用，可以实现对整个网络行为的控制。

SDN 可以被用来快速地修改网络行为。例如，标准的以太网交换控制机制会将所有的交换机组织成一个生成树，分组报文只能够沿着该生成树进行转发。然而，在所有的情况中，这种机制并不总是最好的路由方法。而使用集中的控制器，人们可以使用所需的备选路径对交换机分组转发表进行修改，从而实现相比于开发一种可用的分发方法更为快捷的网络路由/交换行为。

SDN 与本书所关注的移动数据量增长这个主题之间并没有直接的关系，不过它可以降低网络运维的成本。这种成本的降低主要是以一种整合的形式出现，其中分布式的网络单元的复杂度得以降低，而由中心软件系统承担起整个网络协调管理的责任。在这个方面，它可以被看作为一种成本降低机制，而且很多网络运营商都热衷于使用这种机制。

14.6 移动至上理念

移动至上理念是指，在开发应用和服务时，始终牢记将移动设备访问需求作为主要的用户需求。与这种理念相对的模式是将关注点主要放在基于 Web 的使用上，之后再考虑增加移动访问需求。如第 13 章的内容所讨论的，很多企业的现有应用和服务最初都是面向网络上的笔记本和个人电脑访问需求进行设计的，为此人们提供了各种方法修改现有的应用，使其能够适应移动设备并为用户提供更好的用户体验。

同传统电脑和笔记本电脑相比可见，移动设备在数量上具有更大的增长速度。这意味着各种服务的主要群体将来自于移动系统和移动用户。移动至上理念要求基于互联网服务的开发者考虑将这些用户作为服务开发的主要投入方向，这正与"移动次之"的方法相对。在"移动次之"的方法中，服务主要为基于 Web 的用户设计，而移动接口则一般是在事后增加的。

移动之上理念要求在设计用户界面、内容布局，以及网站或互联网访问服务的交换协议时，应当充分结合移动用户的需求。它还包括应当对移动应用管理、维护，以及跨平台应用的开发等问题给予适当的关注。

由于移动设备的人气持续增长，移动至上理念有可能成为各种应用开发时，开发人员必须遵循的一般性的指导原则。

14.7 网络分析

在网络运行的过程中，会产生非常庞大的数据量。通过对这些数据进行处理，可以很明显地了解网络及其用户的行为。人们可以通过各种方式使用从信息处理中得到的这些知识，例如，修改网络配置、提供新的服务，以及改善客户服务等。其中一些用于创建新的数据商业化服务和降低带宽的方法，可以被看作为对网络分析的应用。

网络分析是指处理并分析网络中产生的信息，并将其反馈到决策系统。网络中产生的数据大致可以被归纳为两类：动态数据和静态数据。动态数据是指没有存储或只存储有限时间长度的数据。静态数据是指存储在稳定的库中并按需能够一直在该库中存储的数据。流经移动网络的网络分组的内容是动态数据的一个例子。数据传输速率超过几百 Gbit/s 的网络分组内容，无法被存储用于历史分析，需要在分组上进行的所有处理都应当被实时完成。人们使用网络电话产生的一组呼叫数据记录是静态数据的一个例子。呼叫数据记录用于对用户进行计费，一般会被系统存档很多年。特定类型的数据在网络中存储的时间取决于移动网络运营商的保留策略。

对静态数据的网络分析，实质上是对从网络中收集到的数据应用数据挖掘[78,79]技术。具体使用哪种技术用于网络分析取决于系统上驱动网络分析的用例。对动态数据的网络分析需要使用能够在有限的预算与时间内执行的算法，一般为网络域的流处理[80]应用。从本质上来看，流处理可以在网络中通过的信息流上执行快速的分析过程，而数据挖掘可以对历史上存储的信息执行更加全面的处理。

在流处理中或动态数据的网络分析中，一个重要的概念是预测性分析。预测性分析可以使用当前的信息预测未来某个时间上的网络状态。例如，链路的流量信息可以被用来预测未来几分钟内的链路预期流量情况。由于所有对网络的重新配置或修改都会存在一个操作延时，因此使用预测可以让网络能够更好地应对不久之后预期出现的网络状态。

对于各种类型的网络来说，网络分析都是一个非常有价值的工具。它的应用包括与移动数据增长有关的各种问题，其中移动数据增长也是本书所讨论的主题。但是，它涉及的范围要比本书的主题更为广泛，它有很多的应用，遍布于网络运维与管理的各个方面，从网络管理到客户服务，以及定制计费方案等各个方面。

14.8　结论

移动计算与移动应用具有改变业务开展方式的巨大潜力，当物联网的愿景实现时，可能对人们的日常生活产生重大的影响。我们正处在人类历史上一个有趣的时代，各种移动计算的新发展都具有变革我们的生活、娱乐、工作以及业务开展方式的巨大潜力。对专用信息收集与业务开展客户端的取代，可导致数据流量的显著增加。随着数据流量的增长，本书介绍的这些技术将变得更加切题，而且可以被应用到很多不同的行业中。

参 考 文 献

[1] Cisco Systems. (2010). Cisco Visual Networking Index: Global Mobile Data Traffic Forecast Update 2009–2014, http://www.cisco.com/en/US/solutions/collateral/ns341/ns525/ns537/ns705/ns827/white_paper_c11-520862.html, last retrieved November 8, 2013. Cisco Public Information, February 9.

[2] Sandvine. (2011). Global Internet Phenomena Report, https://www.sandvine.com/trends/global-internet-phenomena/, last retrieved November 8, 2013.

[3] Meeker, M. (2012). Internet Trends 2012, http://www.kpcb.com/file/kpcb-internet-trends-2012, last retrieved March 3, 2013.

[4] The Cooperative Association for Internet Data Analysis, CAIDA's Annual Report for 2012, http://www.caida.org/home/about/annualreports/2012/, last retrieved November 3, 2013.

[5] Williamson, C. (2001). Internet traffic measurement. IEEE Internet Computing, 5(6), 70–74.

[6] ByteMobile. (2013). Mobile Analytics Report, February 2013, http://www.bytemobile.com/news-events/mobile_analytics_report.html, last retrieved March 3, 2013.

[7] Nygren, E., Sitaraman, R. K., & Sun, J. (2010). The Akamai network: a platform for high-performance Internet applications. ACM SIGOPS Operating Systems Review, 44(3), 2–19.

[8] Maier, G., Feldmann, A., Paxson, V., & Allman, M. (2009). On dominant characteristics of residential broadband internet traffic. In Proceedings of the 9th ACM SIGCOMM conference on Internet measurement conference, Barcelona, August 17–21. ACM, New York, pp. 90–102.

[9] Wang, J. (1999). A survey of web caching schemes for the internet. ACM SIGCOMM Computer Communication Review, 29(5), 36–46.

[10] Fielding, R., Gettys, J., Mogul, J., Frystyk, H., Masinter, L., Leach, P., & Berners-Lee, T. (1999). Hypertext Transfer Protocol—HTTP/1.1, http://www.ietf.org/rfc/rfc2616.txt, last retrieved November 8, 2013.

[11] Verma, D. C. (2002). Content Distribution Networks: An Engineering Approach, Wiley-Interscience, New York.

[12] Ziv, J., & Lempel, A. (1977). A universal algorithm for sequential data compression. IEEE Transactions on Information Theory, 23(3), 337–343.

[13] Ziv J., & Lempel A. (1978). Compression of individual sequences via variable-rate coding. IEEE Transactions on Information Theory, 24(5), 530–536.

[14] Salomon, D. (2004). Data Compression: The Complete Reference, Springer-Verlag Incorporated, New York.

[15] Sayood, K. (2005). Introduction to Data Compression, Morgan Kaufmann, Amsterdam, the Netherlands.

[16] BlueCoat Systems. (2007). Blue Coat Systems. Technology Primer: Byte Caching, http://www.bluecoat.com/sites/default/files/documents/files/

Byte_Caching.a.pdf, last retrieved March 3, 2013.

[17] Hewlett Packard Company. (1995). HP Case Study: WAN Link Compression on HP Routers, http://www.hp.com/rnd/support/manuals/pdf/comp.pdf, last retrieved November 8, 2013.

[18] Cisco. (2006). WAN Compression FAQs, Document No. 9289, http://www.cisco.com/image/gif/paws/9289/wan_compression_faq.pdf, last retrieved November 8, 2013.

[19] Jacobson, V. (1990). RFC 1144: Compressing TCP/IP headers for low-speed serial links, http://www.rfc-editor.org/rfc/rfc1144.txt, last retrieved November 8, 2013.

[20] Degermark, M., Nordgren, B., Pink, S., & Compression, I. H. (1999). RFC 2507: IP Header Compression, http://www.rfc-editor.org/rfc/rfc2507.txt, last retrieved November 8, 2013.

[21] Engan, M., Casner, S., & Bormann-RFC, C. (1999). RFC 2509: Compressing IP headers for PPP, http://www.rfc-editor.org/rfc/rfc2509.txt, last retrieved November 8, 2013.

[22] Tye, C. S., & Fairhurst, G. (2003). A review of IP packet compression techniques. In Proceedings of PostGraduate networking conference, June, Liverpool, UK. Liverpool John Moores University, Liverpool, UK.

[23] Quinn, B., & Almeroth, K. RFC 3170: IP Multicast Applications: Challenges and Solutions, http://www.rfc-editor.org/rfc/rfc3170.txt, last retrieved November 8, 2013.

[24] Kernen, T., & Simlo, S. (2010). AMT – Automatic IP multicast without explicit tunnels, European Broadcasting Union Technical Review, Q4.

[25] Chennikara, J., Chen, W., Dutta, A., & Altintas, O. (2002). Application-layer multicast for mobile users in diverse networks. In IEEE Global telecommunications conference, November 17–21. IEEE, Taipei, Taiwan.

[26] Pancha, P., & El Zarki, M. (1994). MPEG coding for variable bit rate video transmission. IEEE Communications Magazine, 32(5), 54–66.

[27] Li, W. (2001). Overview of fine granularity scalability in MPEG-4 video standard. IEEE Transactions on Circuits and Systems for Video Technology, 11(3), 301–311.

[28] Vandalore, B., Feng, W. C., Jain, R., & Fahmy, S. (2001). A survey of application layer techniques for adaptive streaming of multimedia. Real-Time Imaging, 7(3), 221–235.

[29] China Mobile Research Institute. (2010). C-RAN: The Road Toward Green RAN, White Paper, http://ss-mcsp.riit.tsinghua.edu.cn/cran/C-RAN%20ChinaCOM-2012-Aug-v4.pdf, last retrieved March 3, 2013.

[30] Lin, Y., Shao, L., Zhu, Z., Wang, Q., & Sabhikhi, R. K. (2010). Wireless network cloud: architecture and system requirements. IBM Journal of Research and Development, 54(1), 1–12.

[31] Dillinger, M., Madani, K., & Alonistioti, N. (2003). Software Defined Radio: Architectures, Systems, and Functions, John Wiley & Sons, Inc, Hoboken, NJ, pp. 191–206.

[32] Lin, Y. D., & Hsu, Y. C. (2000). Multihop cellular: a new architecture for wireless communications. In Proceedings of IEEE INFOCOM, March 26–30, Tel Aviv, Israel. IEEE, Taipei, Taiwan, pp. 1273–1282.

[33] Chandrasekhar, V., Andrews, J., & Gatherer, A. (2008). Femtocell networks: a survey. IEEE Communications Magazine, 46(9), 59–67.

[34] IBM & Nokia Siemens Networks. (2013). IBM and Nokia Siemens Networks Announce World's First Mobile Edge Computing Platform, http://www-03.ibm.com/press/us/en/pressrelease/40490.wss, last retrieved March 3, 2013.

[35] British Telecom Web Article. (2012). Eco-Friendly 'Network Virtualisation' Saves Money, http://www.btplc.com/Innovation/News/NetworkVirtualization.htm, last retrieved July 10, 2012.

[36] Neuman, B., & Ts'o, T. (1994). Kerberos: an authentication service for computer networks. IEEE Communications Magazine, 32(9), 33–38.

[37] OpenID Foundation. (2010). An Introduction to OpenID and the OpenID Foundation 2011, http://openid.net/wordpress-content/uploads/2011/03/Introduction-to-OpenID-Foundation-March-2011.pdf, last retrieved August 20, 2012.

[38] Wang, R., Chen, S., & Wang, X. (2012). Signing me onto your accounts through facebook and google: a traffic-guided security study of commercially deployed single-sign-on web services. In IEEE Symposium on Security and Privacy 2012, May 20–23, San Francisco, CA. IEEE, Taipei, Taiwan, pp. 365–379.

[39] Dingledine, R., Mathewson, N., & Syverson, P. (2004). Tor: the second-generation onion router. In Proceedings of the 13th USENIX Security Symposium, August 9–13, San Francisco, CA. USENIX Association, Berkeley, CA.

[40] Hughes, N., & Lonie, S. (2007). M-PESA: mobile money for the "unbanked" turning cellphones into 24-hour tellers in Kenya. Innovations: Technology, Governance, Globalization, 2(1–2), 63–81.

[41] Nokia Siemens Networks. (2009). The Impact of Latency on Application Performance, http://www.nokiasiemensnetworks.com/system/files/document/LatencyWhitepaper.pdf, last retrieved March 1, 2013.

[42] Bonomi, F., Milito, R., Zhu, J., & Addepalli, S. (2012). Fog computing and its role in the internet of things. In Proceedings of the first edition of the MCC workshop on mobile cloud computing, August 17, Helsinki, Finland. ACM, New York, pp. 13–16.

[43] Satyanarayanan, M., Bahl, P., Caceres, R., & Davies, N. (2009). The case for VM-based cloudlets in mobile computing. IEEE Pervasive Computing, 8(4), 14–23.

[44] Padmanabhan, V. N., & Subramanian, L. (2001). An investigation of geographic mapping techniques for internet hosts. ACM SIGCOMM Computer Communication Review, 31(4), 173–185.

[45] Siwpersad, S., Gueye, B., & Uhlig, S. (2008). Assessing the geographic resolution of exhaustive tabulation for geolocating Internet hosts. Passive and Active Network Measurement, Springer-Verlag, Berlin/Heidelberg, Germany, pp. 11–20.

[46] Mobile Operating Systems. (2013). http://en.wikipedia.org/wiki/Mobile_operating_system, last retrieved July 30, 2013.

[47] Android Version History. (2013). http://en.wikipedia.org/wiki/Android_version_history, last retrieved July 30, 2013.

[48] Jones, C. (2009). Software Engineering Best Practices: Lessons from Successful Projects in the Top Companies, McGraw-Hill Osborne, Emeryville, CA.

[49] Sommerville, I. (2010). Software Engineering, Addison-Wesley, Harlow, UK.

[50] Welch, G. F. (1995). A survey of power management techniques in mobile computing operating systems. ACM SIGOPS Operating Systems Review, 29(4), 47–56.

[51] Vallina-Rodriguez, N., & Crowcroft, J. (2012). Energy management techniques in modern mobile handsets. IEEE Communications Surveys and Tutorials, 19, 1–20.

[52] Abderazek, B. A., & Sowa, M. (2007). Advanced power management techniques for mobile communication systems. In I. K. Ibrahim and D. Taniar (eds.), Mobile Multimedia: Communication Engineering Perspective. Nova Publishers, New York, pp. 259–278.

[53] Carroll, A., & Heiser, G. (2010). An analysis of power consumption in a smartphone. In Proceedings of the 2010 USENIX conference on USENIX annual technical conference, June 22–25, Boston, MA. USENIX Association, Berkeley, CA, pp. 21–21.

[54] Vallina-Rodriguez, N., Hui, P., Crowcroft, J., & Rice, A. 2010. Exhausting battery statistics: understanding the energy demands on mobile handsets. In ACM MobiHeld, August 30–Septemeber 3, New Delhi, India. ACM, New York, pp. 9–14.

[55] Pathak, A., Hu, Y. C., & Zhang, M. (2012). Where is the energy spent inside my app?: fine grained energy accounting on smartphones with eprof. In Proceedings of the 7th ACM European conference on Computer Systems, April 14–17, Prague, Czech Republic. ACM, New York, pp. 29–42.

[56] Frankk, D. (2013). Best Practices for Mobile Application Development, http://ezinearticles.com/?Best-Practices-for-Mobile-Application-Development&id=6262034, last retrieved February 17, 2013.

[57] Mikhalenko, P. (2013). Best Practices for Mobile Web Application Development, http://www.techrepublic.com/article/best-practices-for-mobile-web-application-development/6095452, last retrieved February 17, 2013.

[58] Connors, A., & Sullivan, B. (2012). W3C Recommendations – Mobile Web Application Best Practices, http://www.w3.org/TR/mwabp/, last retrieved November 8, 2013.

[59] Chen, G., & Kotz, D. (2000). A Survey of Context-Aware Mobile Computing Research (Vol. 1, No. 2.1, pp. 1–15). Technical Report TR2000-381, Department of Computer Science, Dartmouth College, Hanover, NH.

[60] Scott, J., Crowcroft, J., Hui, P., & Diot, C. (2006). Haggle: a networking architecture designed around mobile users. In WONS 2006: third annual conference on wireless on-demand network systems and services, January 18–20, Les Menuires, France. International Federation for Information Processing, Laxenburg, Austria, pp. 78–86.

[61] Almeida Bittencourt, R., & Carr, D. A. (2001). A method for asynchronous, web-based lecture delivery. In Frontiers in education conference, 2001. 31st Annual (Vol. 2, pp. F2F-12), October 10–13, Reno, NV. IEEE, Taiwan, China, pp. 12–17.

[62] Marmasse, N., & Schmandt, C. (2000). Location-aware information delivery with ComMotion. In Proceedings of second international symposium on Handheld and Ubiquitous Computing, September 25–27, Bristol. Springer, London, pp. 157–171.

[63] Qian, F., Wang, Z., Gerber, A., Mao, Z., Sen, S., & Spatscheck, O. (2011). Profiling resource usage for mobile applications: a cross-layer approach. In Proceedings of the 9th international conference on mobile systems, applications, and services, June 28–July 1, Washington, DC. ACM, New York, pp. 321–334.

[64] Felt, A. P., Finifter, M., Chin, E., Hanna, S., & Wagner, D. (2011). A survey of mobile malware in the wild. In Proceedings of the 1st ACM workshop on security and privacy in smartphones and mobile devices, October 17–21,Chicago, IL. ACM, New York, pp. 3–14.

[65] Shabtai, A., Fledel, Y., Kanonov, U., Elovici, Y., & Dolev, S. (2009). Google Android: a state-of-the-art review of security mechanisms. IEEE Security & Privacy, 8(2), 35–44.

[66] Rosenblatt, S. (2013). Don't get Faked by Android Antivirus Apps, http://download.cnet.com/8301-2007_4-57391170-12/dont-get-faked-by-android-antivirus-apps/, last retrieved February 28, 2013.

[67] Krawczyk, H. (1994). Secret sharing made short. In Advances in cryptology—CRYPTO'93, Springer, Berlin/Heidelberg, pp. 136–146.

[68] Tilley, S., Toeter, B., & Wong, K. (2001). Issues in accessing web sites from mobile devices. In Proceedings of IEEE workshop on web site evolution, November 10, Florence, Italy. IEEE, Taiwan, China, pp. 97–104.

[69] Trewin, S. (2006). Physical usability and the mobile web. In Proceedings of ACM international cross-disciplinary workshop on Web accessibility, May 22–23, Edinburgh, Scotland. ACM, New York, pp. 109–112.

[70] Brandenburg, M. (2010). Mobile Enterprise Application Platforms: A Primer, http://searchconsumerization.techtarget.com/tutorial/Mobile-enterprise-application-platforms-A-primer, last retrieved February 28, 2013.

[71] Boswarthick, D., Elloumi, O., & Hersent, O. (2012). M2M Communications: A Systems Approach, John Wiley & Sons, Inc, Hoboken, NJ.

[72] Boswarthick, D., Elloumi, O., & Hersent, O. (2012). The Internet of Things: Key Applications and Protocols, John Wiley & Sons, Ltd, Chichester, UK.

[73] Atzori, L., Iera, A., & Morabito, G. (2010). The internet of things: a survey. Computer Networks, 54(15), 2787–2805.

[74] Burke, J. A., Estrin, D., Hansen, M., Parker, A., Ramanathan, N., Reddy, S., & Srivastava, M. B. (2006). Participatory Sensing, http://escholarship.org/uc/item/19h777qd, last retrieved February 28, 2013.

[75] Estrin, D. L. (2010). Participatory sensing: applications and architecture. In

Proceedings of the 8th international conference on mobile systems, applications, and services, June 15–18, San Francisco, CA. ACM, New York, pp. 3–4.

[76] Open Networking Foundation. (2013). SDN Definition, https://www.open networking.org/sdn-resources/sdn-definition, last retrieved July 30, 2013.

[77] Mckeown, N., Anderson, T., Balakrishnan, H., Parulkar, G., Peterson, L., Rexford, J., Shenker, S., & Turner, J.(2008). OpenFlow: enabling innovation in campus networks. ACM SIGCOMM Computer Communication Review. 38(2), 69–74.

[78] Kantardzic, M. (2002). Data Mining: Concepts, Models, Methods, and Algorithms, IEEE Press, Hoboken, NJ.

[79] Han, J., Kamber, M., & Pei, J. (2011). Data Mining: Concepts and Techniques. Morgan Kaufman, Waltham, MA.

[80] Salehi, A. (2010). Low Latency, High Performance Data Stream Processing: Systems Architecture, Algorithms and Implementation, VDM Verlag, Saarbrücken, Germany.

附录 中英文缩略语对照表

序　号	英文缩写	英 文 全 称	中 文 全 称
1	3GPP	3rd Generation Partnership Project	第三代合作伙伴项目
2	3GPP2	3rd Generation Partnership Project 2	第三代合作伙伴项目2
3	ADSL	Asymmetric Digital Subscriber Line	非对称数字用户线
4	AMT	Automatic Multicast without Tunnels	无隧道的自动组播
5	API	Application Programmer Interface	应用程序编程接口
6	APPN	Advance Peer-to-Peer Networking	高级对等网络
7	ATM	Asynchronous Transfer Mode	异步传输模式
8	BBU	Base Band Unit	基带单元
9	BYOD	Bring Your Own Device	携带自己的设备
10	CDMA	Code Division Multiple Access	码分多址
11	CDN	Content Distribution Networking	内容分发网络
12	Cloudlet	Cloudlet	微云
13	CSS	Cascading Style Sheet	层叠样式表
14	DNS	Domain Name System	域名系统
15	DSL	Digital Subscriber Line	数字用户线
16	EV-DO	Enhanced Voice-Data Only	增强型语音数据
17	FCC	Federal Communications Commission	美国联邦通信委员会
18	GGSN	Gateway GPRS Service Node	网关 GPRS 服务节点
19	GPRS	General Packet Radio Service	通用分组无线业务
20	HSPA	High-Speed Packet Access	高速分组接入
21	HTTPS	Hyper Text Transfer Protocol Secure	超文本传输协议安全
22	HTTP	Hyper Text Transport Protocol	超文本传输协议
23	IaaS	Infrastructure as a Service	基础设施即服务
24	IEEE	Institute of Electrical and Electronic Engineers	电气与电子工程师协会
25	IETF	Internet Engineering Task Force	互联网工程任务组
26	IP	Internet Protocol	网际协议
27	IPv6	Internet Protocol version 6	网际协议第 6 版
28	IPX	Internetwork Packet Exchange	互联网分组交换
29	ISDN	Integrated Services Digital Network	综合业务数字网

（续）

序　号	英文缩写	英文全称	中文全称
30	ISP	Internet Service Provider	互联网服务提供商
31	ITU	International Telecommunication Union	国际电信联盟
32	JPEG	Joint Photographic Experts Group	联合图像专家组
33	LTE	Long Term Evolution	长期演进
34	M2M	Machine-to-Machine	机器对机器
35	MAC	Media Access Control	媒介接入控制
36	MEAP	Mobile Enterprise Application Platform	企业移动应用平台
37	MMS	Multimedia Messaging Service	多媒体消息服务
38	MP3	Moving Picture Experts Group Audio Layer-3	动态影像专家压缩标准音频层面
39	MPEG	Moving Picture Experts Group	运动图像专家组
40	M-PESA	M-PESA	移动货币
41	NFC	Near Field Communication	近场通信
42	NEP	Network Equipment Provider	网络设备提供商
43	NFV	Network Function Virtualization	网络功能虚拟化
44	OTT	Over The Top	上层
45	PaaS	Platform as a Service	平台即服务
46	PCRF	Policy and Charging Rules Function	策略和计费规则功能
47	PDN-GW	Packet Data Network Gateway	分组数据网网关
48	PDSN	Packet Data Serving Node	分组数据服务节点
49	RFC	Request For Comments	请求注解
50	RNC	Radio Network Controller	无线网络控制器
51	RRU	Remote Radio Unit	远程射频单元
52	RTP	Realtime Transport Protocol	实时传输协议
53	RU	Radio Unit	射频单元
54	SaaS	Software as a Service	软件即服务
55	SDN	Software Defined Network	软件定义网络
56	SGSN	Serving GPRS Support Node	服务 GPRS 支持节点
57	SIP	Session Initiation Protocol	会话初始化协议
58	SMS	Short Message Service	短消息服务
59	SNA	Systems Network Architecture	系统网络体系结构
60	SOAP	Simple Object Access Protocol	简单对象访问协议
61	SSL	Secure Socket Layer	安全套接字层
62	TCP	Transmission Control Protocol	传输控制协议

（续）

序 号	英文缩写	英文全称	中文全称
63	TLS	Transport Layer Security	传输层安全
64	UDP	User Datagram Protocol	用户数据报协议
65	UMTS	Universal Mobile Telecommunications System	通用移动通信系统
66	VoIP	Voice over IP	互联网语音电话
67	VPN	Virtual Private Network	虚拟专用网
68	W3C	World Wide Web Consortium	万维网联盟
69	WCDMA	Wideband Code Division Multiple Access	宽带码分多址
70	WiMAX	Worldwide Interoperability for Microwave Access	全球微波互联接入
71	WWW	World Wide Web	万维网

读者需求调查表

个人信息

姓　　名：		出生年月：		学　　历：	
联系电话：		手　　机：		E-mail：	
工作单位：				职　　务：	
通讯地址：				邮　　编：	

1. 您感兴趣的科技类图书有哪些?

□自动化技术　□电工技术　□电力技术　□电子技术　□仪器仪表　□建筑电气
□其他（　　　）

以上各大类中您最关心的细分技术（如 PLC）是：（　　　）

2. 您关注的图书类型有：

□技术手册　□产品手册　□基础入门　□产品应用　□产品设计　□维修维护
□技能培训　□技能技巧　□识图读图　□技术原理　□实操　　　□应用软件
□其他（　　　）

3. 您最喜欢的图书叙述形式：

□问答型　　□论述型　　□实例型　　□图文对照　□图表　　　□其他（　　）

4. 您最喜欢的图书开本为：

□口袋本　　□32 开　　□B5　　　□16 开　　□图册　　□其他（　　　）

5. 您常用的图书信息获得渠道为：

□图书征订单　□图书目录　□书店查询　□书店广告　□网络书店　□专业网站
□专业杂志　　□专业报纸　□专业会议　□朋友介绍　□其他（　　　）

6. 您常用的购书途径为：

□书店　□网络　□出版社　□单位集中采购　□其他（　　　）

7. 您认为图书的合理价位是（元/册）：

手册（　　）图册（　　）技术应用（　　）技能培训（　　）基础入门（　　）
其他（　　）

8. 您每年购书费用为：

□100 元以下　□101～200 元　□201～300 元　□300 元以上

9. 您是否有本专业的写作计划?

□否　　　□是（具体情况：　　　）

非常感谢您对我们的支持，如果您还有什么问题欢迎和我们联系沟通！

地址：北京市西城区百万庄大街 22 号　机械工业出版社电工电子分社　邮编：100037
联系人：张俊红　联系电话：13520543780　传真：010-68326336
电子邮箱：buptzjh@163.com（可来信索取本表电子版）

编著图书推荐表

姓　　名		出生年月		职称/职务		专　业	
单　　位				E-mail			
通讯地址						邮政编码	
联系电话			研究方向及教学科目				
个人简历（毕业院校、专业、从事过的以及正在从事的项目、发表过的论文）							
您近期的写作计划有：							
您推荐的国外原版图书有：							
您认为目前市场上最缺乏的图书及类型有：							

地　址：北京市西城区百万庄大街22号　机械工业出版社，电工电子分社
邮　编：100037　网址：www.cmpbook.com
联系人：张俊红　电话：13520543780/010-88379768　010-68326336（传真）
E-mail：buptzjh@163.com（可来信索取本表电子版）

北京市版权局著作权合同登记号图字：01-2014-5105 号。

图书在版编目（CIP）数据

大数据爆炸时代的移动通信技术与应用/（美）维玛（Verma，D. C.）等著：郎为民等译. —北京：机械工业出版社，2016.2
（国际信息工程先进技术译丛）
书名原文：Techniques for Surviving the Mobile Data Explosion
ISBN 978 – 7 – 111 – 52349 – 9

Ⅰ. ①大… Ⅱ. ①维…②郎… Ⅲ. ①移动通信—通信技术
Ⅳ. ①TN929. 5

中国版本图书馆 CIP 数据核字（2015）第 301099 号

机械工业出版社（北京市百万庄大街22 号 邮政编码100037）
策划编辑：张俊红 责任编辑：朱 林
责任校对：张玉琴 封面设计：马精明
责任印制：李 洋
北京圣夫亚美印刷有限公司印刷
2016 年1 月第1 版第1 次印刷
169mm ×239mm · 10 印张 · 203 千字
标准书号：ISBN 978 – 7 – 111 – 52349 – 9
定价：49. 80 元

凡购本书，如有缺页、倒页、脱页，由本社发行部调换
电话服务 网络服务
服务咨询热线：（010）88361066 机 工 官 网：www. cmpbook. com
读者购书热线：（010）68326294 机 工 官 博：weibo. com/cmp1952
（010）88379203 金 书 网：www. golden – book. com
封面无防伪标均为盗版 教育服务网：www. cmpedu. com